Sven Sieloff

***

Bio-Kraftstoffe in Deutschland

www.salzwasserverlag.de

Sieloff, Sven

Bio-Kraftstoffe in Deutschland

1. Auflage 2006

ISBN-13: 978-3-937686-76-9

ISBN-10: 3-937686-76-2

Nachdruck, auch auszugsweise, nur mit schriftlicher Genehmigung des Verlags

© CT Salzwasser-Verlag GmbH & Co. KG, Bremen/Hamburg, 2006 (www.salzwasserverlag.de)

Druck und Herstellung: Hohnholt Reprografischer Betrieb GmbH, Bremen (www.hohnholt.com)

Dieser Titel unterliegt dem Gesetz zur Regelung der Preisbindung von Verlagserzeugnissen (BGBl. I Nr. 63 vom 5. September 2002)

Die Deutsche Bibliothek verzeichnet diesen Titel in der Deutschen Nationalbibliografie. Bibliografische Daten sind unter http://dnb.ddb.de verfügbar.

Inhaltsverzeichnis

1. Einleitung 4
2. Nachhaltigkeitsprobleme im Mobilitäts- und Verkehrsbereich 7
   - 2.1 Definitionen von „Nachhaltigkeit" 7
     - 2.1.1 Intra- und intergenerative Gerechtigkeit 9
     - 2.2.2 Globale Orientierung 10
   - 2.3 Nachhaltigkeitsdefizite 11
   - 2.4 Mobilität und Verkehr 18
   - 2.5 Nachhaltige Entwicklung – Konsistenz, Effizienz und Suffizienz ... 25
   - 2.6 Markteinführung nachhaltiger Technik 27
3. Notwendigkeit zur Umorientierung in der Energiepolitik 30
   - 3.1 Gründe für den Rohölpreisanstieg 30
   - 3.2 Reichweite der Erdölreserven 33
   - 3.3 Importabhängigkeit vom instabilen Nahen Osten 36
   - 3.4 Konsequenzen für den Verkehr 40
4. Der Biokraftstoff SunFuel® 42
   - 4.1 Ausgangsstoffe 42
   - 4.2 Das technische Verfahren 43
     - 4.2.1 Die Firma Choren 43
     - 4.2.2 Die Funktionsweise des Carbo-V®-Verfahrens 44
   - 4.3 Der Stand der Technik 47
   - 4.4 Vorteile von SunFuel® 49
     - 4.4.1 CO_2 - neutral und umweltschonend 49
     - 4.4.2 Die Eigenschaft als Designerkraftstoff 51
     - 4.4.3 Unbegrenztes Biomassepotenzial 53

4.5 Nachteile von SunFuel® 57

    4.5.1 Kosten 57

    4.5.2 Transportproblem 58

5. Vorstellung von alternativen Kraftstoffen und Vergleich mit SunFuel® 61

    5.1 Biodiesel 61

    5.2 Bioethanol 64

    5.3 Erdgas 66

    5.4 Wasserstoff 72

    5.5 Vergleich der Kraftstoffe mit SunFuel® 73

6. Marktbedingungen für SunFuel® 77

    6.1 Steuerbefreiung 77

    6.2 Förderung eines Biomassemarktes 82

    6.3 Kooperationen und strategische Allianzen 84

    6.4 Geeignetes Marketingkonzept 87

7. Zusammenfassung und Ausblick 90

8. Literaturverzeichnis 93

1. Einleitung

In der heutigen Zeit lässt sich eine Tendenz aufzeigen, die immer weiter von den fossilen Rohstoffen zu den Alternativen geht. In Anlehnung dessen wird eine nachhaltige Lebens- und Wirtschaftsweise gefordert, um der heutigen und zukünftigen Generation eine adäquate Lebensgrundlage zu bieten. Gerade in Bereichen, die besonders viel dazu beitragen, dass sich die Welt nicht nachhaltig entwickelt, wie z.B. der Verkehrs- und Mobilitätssektor, muss entscheidend gehandelt und geforscht werden, um Lösungen zu finden. Dabei spielt vor allem die Technologie eine herausragende Rolle, die einen Ausweg aus der prekären Lage finden kann. In dieser Untersuchung soll am Beispiel von SunFuel® eine neue Technologie vorgestellt werden, die ein entscheidender Einschnitt im Kraftstoffmarkt sein kann. SunFuel® ist ein schadstoffarmer, CO_2-neutraler Kraftstoff aus nachhaltig angebauter Biomasse, der die Reichweite des Erdöls strecken sowie die Umwelt nachhaltig entlasten kann. Entscheidend ist nun, wie sich die Marktbedingungen für Biokraftstoffe entwickeln.

Zur vorliegenden Untersuchung gibt es aufgrund der Aktualität wenig bis gar keine Literatur, die sowohl den Biokraftstoffmarkt als auch die technologischen Möglichkeiten aufzeigen kann. Die vorherrschenden Marktbedingungen, wie eine Steuerbefreiung für Biokraftstoffe, sind in der zu findenden Literatur auch nur unzureichend abgebildet. Für diese Untersuchung sind aktuelle Quellen herangezogen worden wie das Internet, Fernsehen, Zeitschriften und firmeneigene Quellen wie Broschüren und anderes Informationsmaterial. Besonders wichtig und hilfreich zur Erstellung der Untersuchung waren persönliche Quellen, wie Emails und

Kapitel 1: Einleitung

Telefoninterviews mit Personen von Shell, Volkswagen, Choren und der Bundesregierung.

Ziel dieser Untersuchung ist es, die Notwendigkeit aufzuzeigen, warum Biokraftstoffe sich zu einer Alternative gegenüber herkömmlichen Kraftstoffen aus Erdöl entwickeln und SunFuel® dabei eine besonders erfolgsversprechende Rolle einnehmen könnte. Dabei sind verschiedene Fragestellungen in Betracht zu ziehen. Zu fragen ist, welche Nachhaltigkeitsprobleme es im Mobilitäts- und Verkehrsbereich gibt und wie diese mit dem aktuellen Medienthema „Erdöl" in Verbindung gebracht werden können. Des Weiteren stellt sich die Frage, was SunFuel® ausmacht und welche besseren Möglichkeiten dieser Biokraftstoff im Vergleich zu anderen Alternativen verspricht. Gefragt werden muss darüber hinaus, welche Marktbedingungen existieren müssen, damit SunFuel® eine echte Alternative zu herkömmlichem Erdöl werden kann.

Im ersten Abschnitt werden Nachhaltigkeitsdefizite allgemeiner Natur und speziell im Bereich der Mobilität und Verkehr vorgestellt. Es wird erläutert, worauf in diesem Sektor besonders Wert gelegt werden muss, um eine nachhaltige Entwicklung zu generieren.

Weiterführend aus den Problemen der Nachhaltigkeit zeigt der folgende Abschnitt in einem aktuellen Rahmen die Entwicklungen und Grenzen auf dem Erdölmarkt auf, wodurch die Möglichkeiten der Alternativen gesteigert werden. Der dritte Abschnitt beschäftigt sich mit der Beschreibung von SunFuel® als Biokraftstoff, sowohl das technische Verfahren als auch die Vor- und Nachteile werden erläutert. Im darauf folgenden Abschnitt werden die Grenzen und Möglichkeiten von potenziellen Konkurrenzprodukten wie Biodiesel, Bioethanol, Erdgas (inkl. Gas-to-Liquids) und Wasserstoff im Vergleich zu SunFuel® aufgezeigt. Im

Kapitel 1: Einleitung

letzten Abschnitt werden dann die Marktbedingungen erläutert, die mitentscheiden, ob und wie erfolgreich SunFuel® werden kann. Wesentliche Punkte sind dabei die Steuerbefreiung und die Kooperationen mit finanzstarken Investoren.

2. Nachhaltigkeitsprobleme im Mobilitäts- und Verkehrsbereich

2.1 Definitionen von „Nachhaltigkeit"

1972, im Jahr der ersten Umweltkonferenz der Vereinten Nationen in Stockholm, diskutierten die Fachkreise über die Frage, ob das menschliche Leben und Wirtschaften auf einen Punkt zusteuert, an dem es Gefahr läuft, sich seiner eigenen natürlichen Grundlagen zu berauben. Die Erkenntnis, dass eine längerfristige und dauerhafte Verbesserung der Lebensverhältnisse für eine wachsende Weltbevölkerung nur möglich ist, wenn sie die Bewahrung der natürlichen Lebensgrundlagen mit einschließt, setzte sich zunehmend durch. Ausgehend von dieser Entwicklung einigte man sich auf der UN-Konferenz „Umwelt und Entwicklung" 1992 in Rio de Janeiro auf das neue, gemeinsame Entwicklungsleitbild „sustainable development".[1]

Der Begriff „sustainable development" wird üblicherweise im deutschen mit „Nachhaltige Entwicklung" übersetzt. Die wörtliche Übersetzung hingegen lautet *„dauerhaft durchhaltbare"* oder *„dauerhaft aufrechterhaltbare"* Entwicklung. Um den Umweltaspekt in den Vordergrund zu rücken, hat der SRU (Sachverständigenrat für Umweltfragen) sich dazu entschieden, die Übersetzung *„dauerhaft umweltgerechte Entwicklung"* zu verwenden.[2]

In der vorliegenden Untersuchung wird jedoch weiterhin der Begriff „Nachhaltige Entwicklung" verwendet, da in der Literatur auf diesen am häufigsten zurückgegriffen wird.

---

[1] Vgl. Rogall, Holger (2003), S. 21.

[2] Vgl. BMU, Umweltgutachten 1994, in: Rogall, Holger (2003), S. 24.

Kapitel 2: Nachhaltigkeitsprobleme im Mobilitäts- und Verkehrsbereich

Der Begriff Nachhaltigkeit entwickelte sich im 19. Jahrhundert in der Forstwirtschaft. Damit wird das Prinzip beschrieben, dass nur so viel Holz aus dem Wald entnommen wird, wie nachwachsen kann, also nachhaltig zu arbeiten.[3]

Im englischen Wort „sustain" steckt das lateinische „sustiner", zu deutsch: aufrechterhalten.

Es gibt mehrere, sich unterscheidende Definitionsansätze der Nachhaltigen Entwicklung. Dabei liegen die Differenzen vor allem in der Schwerpunktlegung und Fokussierung der ökologischen, ökonomischen und sozialen Standards (Drei-Säulen-Modell).

Eine Definition mit Schwerpunkt der Standards stammt von Holger Rogall: „Eine Nachhaltige Entwicklung strebt neben der internationalen Gerechtigkeit für heutige und künftige Generationen hohe ökologische, ökonomische und sozial-kulturelle Standards in den Grenzen der Tragfähigkeit des Umweltraumes an. Dabei kommt der ökologischen Dimension – und damit auch der Umweltpolitik – eine Schlüsselrolle zu, denn die natürlichen Lebensgrundlagen begrenzen die Umsetzungsmöglichkeiten anderer Ziele (Umwelt als limitierender Faktor). So ist die Erhaltung der Ozonschicht als Voraussetzung des Lebens auf der Erde nicht verhandelbar."[4] Rogall betont, dass die ökologische Dimension die wichtigste ist, da alle anderen sich auf sie beziehen. Die ökologischen Probleme stehen an erster Stelle. Sie zu lösen, ist die Primäraufgabe, von der sich die anderen ableiten lassen. Gerade die ökologische Fokussierung spielt im Bereich Mobilität und Verkehr eine zentrale Rolle.

---

[3] Vgl. Radloff, J. (Hrsg.) POLITISCHE ÖKOLOGIE, Sonderheft 1: Die Zukunft der Ökonomie – Nachhaltiges Wirtschaften, September 1990; in: Rogall, Holger (2003), S. 25.

[4] Rogall, Holger (2003), S. 26.

2.1.1 Intra- und intergenerative Gerechtigkeit

Die Brundtland-Kommission (1987) definiert Nachhaltige Entwicklung folgendermaßen: „Dauerhafte Entwicklung ist Entwicklung, die die Bedürfnisse der Gegenwart befriedigt, ohne zu riskieren, dass künftige Generationen ihre eigenen Bedürfnisse nicht befriedigen können."[5]

Zwei Elemente sind in dieser Definition enthalten. Zum Einen muss die gegenwärtige Gesellschaft ihre Bedürfnisse befriedigen können, zum Anderen darf dies den zukünftigen Generationen nicht verwährt bleiben. Dadurch verknüpft die Brundtland-Kommission die gerechte Bedürfnisbefriedigung innerhalb jeder (speziell der heutigen) Generation (intragenerativ) mit der gerechten Verteilung der Möglichkeiten der Bedürfnisbefriedigung zwischen den Generationen (intergenerativ). Folglich müssen die inter- und intragenerative Gerechtigkeit als gleichgestellt und untrennbar betrachtet werden.[6]

Basierend auf diesen Definitionen gehen die Überlegungen von Brown-Weiss (1989) und Acker-Widmaier (1999) dahin, dass die Menschen zu Solidarität und verantwortlichem Handeln in räumlicher und zeitlicher Hinsicht verpflichtet seien.

„Jede Generation ist berechtigt, das von vorangegangenen Generationen übernommene natürliche und kulturelle Erbe zu nutzen, und hat es gleichzeitig treuhänderisch für nachfolgende Generationen zu verwalten. Diese Doppelrolle als Nutznießer und Treuhänder des gemeinsamen Erbes räumt jeder Generation spezielle kollektive Rechte ein, denen kollektive Pflichten

---

[5] Vgl. Hauff (1987), S.46, In: Rogall, Holger (2003), S. 26.
[6] Vgl. Brandl, Volker/ Grunwald, Armin (Hrsg.), Jörissen, Juliane/ Kopfmüller, Jürgen/ Paetau, Michael/ (2003), S. 59.

korrespondieren."[7] Als Grundlage für die Zuweisung von Rechten und Pflichten werden drei Prinzipien intergenerativer Gerechtigkeit benannt. Das erste Prinzip „Conservation of Options" verlangt von jeder Generation, die Diversität der natürlichen und kulturellen Ressourcenbasis zu erhalten. Das zweite Prinzip „Conservation of Quality" verpflichtet jede Generation, den übernommenen Bestand an natürlichen und kulturellen Ressourcen in keinem schlechterem Zustand weiterzugeben, als sie ihn selbst entgegengenommen hat. Das dritte Prinzip „Conservation of Access" fordert, dass jede Generation ihren Mitgliedern gerechten Zugang zu dem gemeinsamen Erbe einräumt und diese Zugangsmöglichkeiten für kommende Generationen erhält.[8] Somit verlangen die Autoren von der Gesellschaft, dass sie sich in einem angemessen Rahmen verhält, um den zukünftigen Generationen eine angemessene Lebensweise zu gewähren. Die drei genannten Prinzipien müssen eine globale Geltung finden.

2.2.2 Globale Orientierung

Ausgehend von der UN-Vollversammlung 1983 erhielt die Brundtland-Kommission den Auftrag, sich der „wichtigen Herausforderung an die Weltgemeinschaft" zu stellen und „ein weltweites Programm des Wandels" sowie „anspruchsvolle Ziele für die Weltgemeinschaft" zu verfassen. Davon ausgehend sollten neue Standards für eine globale Politik mit den Themenfeldern Umwelt und Entwicklung ausgearbeitet werden. In ethischer Hinsicht impliziert Nachhaltige Entwicklung, dass allen Menschen,

---

[7] Vgl. Brown-Weiss, E.B. (1989): In Fairness to Future Generations. International Law, Common Patrimony and Intergenerational Equity. New York, in: Brandl, Volker/ Grunwald, Armin (Hrsg.), Jörissen, Juliane/ Kopfmüller, Jürgen/ Paetau, Michael (2003), S. 60.

[8] Vgl. ebenda (FN 7), S.38, ebenda, S.60.

sowohl der heutigen als auch der künftigen Generation, das moralische Recht eingeräumt wird, ihre Grundbedürfnisse und Wünsche bestmöglich zu befriedigen. Ebenso besteht ein moralisches Recht darauf, dass den Menschen die funktionierenden Ökosysteme erhalten werden und der Zugang zu den globalen Ressourcen ermöglicht wird.[9] Diese ethischen Grundsätze müssen formuliert und forciert werden, um einem globalen Anspruch gerecht zu werden. Sie müssen für alle Menschen gelten, nicht nur für die reichen Industrienationen.

Viele der bekannten Nachhaltigkeitsprobleme wie Klimawandel, Armut, Bevölkerungswachstum, Unterernährung sind Probleme globaler Natur, wenn auch häufig regional unterschiedlich verteilt. Ihre Ursachen liegen vor allem darin, dass gerade die Industrienationen einen großen Anteil an klimaschädlichen Gasen freisetzen, und die Entwicklungsländer oft diejenigen sind, die die Folgen zu spüren bekommen. Arme Länder haben keine Möglichkeit, sich aus ihrer prekären Lage selbst zu befreien. Ausgehend von dieser Prämisse sind globale Anstrengungen zu fördern, dieses Problem zu identifizieren, zu analysieren und geeignete Maßnahmen zu treffen, um die Ursachen zu bekämpfen.[10]

2.3 Nachhaltigkeitsdefizite

Für das Funktionieren von Volkswirtschaften und gesellschaftlicher Entwicklung sind die Nutzung und Förderung von fossilen Rohstoffen eine grundsätzliche Voraussetzung.

---

[9] Vgl. Ebenda, S.46, in: ebenda, S.61.
[10] Vgl. Brandl, Volker/ Grunwald, Armin (Hrsg.), Jörissen, Juliane/ Kopfmüller, Jürgen/ Paetau, Michael (2003), S.62.

Kapitel 2: Nachhaltigkeitsprobleme im Mobilitäts- und Verkehrsbereich

Die komplette Industrie und das Verkehrswesen betreiben zu großen Teilen die wirtschaftlichen Vorgänge aus fossilen Rohstoffen. Die nicht erneuerbaren Energierohstoffe, bestehend aus fossilen Energieträgern (Kohle, Erdgas, Erdöl) und der Kernenergie, besitzen weltweit wie auch in Deutschland einen sehr großen Anteil an dem gesamten Energieverbrauch (ca. 85 Prozent aus fossilen Quellen). Doch die Gewinnung, Nutzung und Entsorgung der Energierohstoffe besitzt schwerwiegende Folgen. Die globale Klimaerwärmung und ihre Folgen, Belastungen durch den Verbrauch anderer nicht erneuerbarer Rohstoffe sowie die Verknappung (und damit Verteuerung) der verfügbaren Vorräte sind nur einige Konsequenzen für Mensch und Umwelt.[11] Zu diesen Belastungen, die durch die Nutzung von fossilen Rohstoffen entstehen, kommt hinzu, dass die Rohstoffe nicht unbegrenzt gewonnen werden können. Brandl und Kopfmüller formulieren somit eine Forderung zur nachhaltigen Nutzung:

> „Die Tatsache, dass nicht erneuerbare Rohstoffe prinzipiell begrenzt sind, stellt eine entscheidende Randbedingung für ihre intra- und intergenerativen Gerechtigkeitsgesichtspunkten angemessene – nachhaltige – Nutzung dar."[12]

Die Umweltkrise ist durch die zunehmende Beschleunigung und die wachsende Eingriffstiefe der Menschheit in die natürlichen Lebensgrundlagen gekennzeichnet. Die Schädigung der Ozonschicht, die vermehrte Freisetzung klimaschädlicher Treibhausgase wie Kohlendioxid und der rastlose Ressourcenabbau sind weitere Indizien für die moderne Umweltkrise. Ursächlich dafür kann zum einen das Bevölkerungswachstum sein. Ab der zweiten Hälfte des 19. Jahrhunderts kam es zur Bevölkerungsexplosion. Mit der aufsteigenden Industrialisierung um 1900 lebten noch 1,8 Milliar-

---

[11] Vgl. Brandl, Volker/ Kopfmüller, Jürgen (2003), S.113.
[12] Vgl. Brandl, Volker/ Kopfmüller, Jürgen (2003), S.113.

den Menschen auf dem Erdball, 1999 wurde die 6-Milliardegrenze überschritten. Ein Ende dieses Wachstums ist nicht abzusehen. Alle 12 bis 14 Jahre kommt ungefähr eine Milliarde neuer Menschen dazu. Des Weiteren existiert weltweit ein massenmedial kommuniziertes Leitbild, welches die Lebensqualität und Selbstverwirklichung vorwiegend an Markt- und Konsumchancen bindet. Das glänzende, werbewirksam aufpolierte Bild des energie- und rohstoffverschlingenden Lebensstils des modernen Menschen hat, wo es nicht schon Realität geworden ist, den letzten Winkel der Erde erreicht und die Hoffnungen und Phantasien der meisten Menschen geprägt. Durch die drohende Selbstgefährdung des Menschen durch eine progressive Umweltzerstörung ist der Ruf nach einer nachhaltigen Entwicklung lauter geworden. Die natürlichen Ressourcen sollen nur in dem Umfang genutzt werden, in dem sich der natürliche Kapitalstock regenerieren kann.[13]

Obwohl immer wieder einzelne Argumente gegen die Existenz von anthropogenen[14] Klimaveränderungen und gegen den anthropogen verstärkten Treibhauseffekt als treibende Kraft für Klimaveränderungen geäußert werden, können heute mit Hilfe einer Vielzahl wissenschaftlicher Studien anthropogene Klimaänderungen innerhalb der letzten zwei Jahrhunderte nachgewiesen werden. Von der Mehrzahl der Experten werden diese als herausragende Beispiele für die Überlastung ökologischer Systeme hinsichtlich ihrer Aufnahme- und Verarbeitungskapazitäten angeführt. Dafür verantwortlich sind globale Veränderungen im Stoffhaushalt der Atmosphäre, insbesondere die gestiegenen Konzentrationen von Kohlendioxid (CO_2), Methan (CH_4) und Distickstoffoxid (N_2O). Phänomene des Klimawandels wie die gestiegene globale mittlere Temperatur, die Erhöhung des

---

[13] Vgl. Zwick, Michael M. (2002), S.95.

[14] Anthropogen: durch Menschen verursacht.

Meeresspiegels oder veränderte globale Niederschlagsverteilungen sowie deren schon eingetretenen bzw. prognostizierten Folgeeffekte werden von der überwiegenden Mehrheit der Experten als die zentralen globalen Problemfelder eingestuft. Die Tatsache, dass die Kohlendioxid-Emissionen global gesehen einen Anteil von etwa 50 Prozent am zusätzlichen anthropogenen Treibhauspotenzial haben (in Deutschland von etwa 85 Prozent), liefert ein ausreichendes Argument für das Herausgreifen dieses Indikators zur Abbildung und Darstellung des Klimawandels. Die Gesamtemissionen in Deutschland sind gesamtgesehen zwar rückläufig (s. Tabelle 1), im Vergleich zu 1990 um 14 Prozent, seit 1999 ist aber wieder ein gegenläufiger Trend zu beobachten.

	1990	1991	1992	1993	1994	1995	1996	1997	1998	1999	2000	2001
Mio t CO_2	987	951	903	892	876	876	888	867	859	839	840	854
Erreichte Reduktion relativ zu 1990 (in %)	-	3,6	8,5	9,5	11,2	11,3	8,9	12,2	12,9	14,9	14,8	13,5

Tabelle 1: Energiebedingte CO_2-Gesamtemissionen in Deutschland (Ost + West)
Quelle: In Anlehnung an: Ziesing, H.(2002):CO_2-Emissionen im Jahre 2001: Vom Einsparziel 2005 noch weit entfernt. In: DIW-Wochenbericht 8/2002, In: Coenen, Reinhard, Grunwald, Armin (Hrsg.) (2003), Nachhaltigkeitsprobleme in Deutschland, S.118

Zur Entwicklung in Deutschland ab 1990, also kurz nach der Wiedervereinigung von West- und Ostdeutschland, muss die Tatsache erwähnt werden, dass große Industrieparks, Kohleförderungsanlagen und Fahrzeuge in Ostdeutschland still gelegt wurden. Dadurch wurde eine erhebliche CO_2-Minderung durch die Schließung der ostdeutschen Industrie erreicht.

Derzeit hat Deutschland einen globalen Anteil von 4 Prozent an den globalen Emissionen. Die USA sind mit 25 Prozent die größten Emittenten, gefolgt von China (14 Prozent), Russland (10 Prozent) und Japan (5 Prozent).[15] Dies zeigt, wie wichtig eine globale Zusammenarbeit ist. Die in der entsprechenden Nachhaltigkeitsregel zum Ausdruck kommende Forderung, die globale Verteilung der Umweltnutzung unter Fairnessgesichtspunkten zu arrangieren, wird in zunehmenden Umfang als ein wesentlicher Faktor für die Realisierung einer global nachhaltigen Entwicklung gesehen. Die Kohlendioxid-Emissionen können als ein geeignetes, weil repräsentatives Maß, für das Ausmaß der Nutzung der Umwelt, insbesondere als Aufnahmemedium für Schad- und Abfallstoffe betrachtet werden.

Die folgende Tabelle zeigt, dass in Deutschland 10,1 Tonnen pro Kopf und Jahr verbraucht werden (2000).

---

[15] Vgl. Brandl, Volker/ Kopfmüller, Jürgen (2003), S.116f.

Kapitel 2: Nachhaltigkeitsprobleme im Mobilitäts- und Verkehrsbereich

CO_2 Emissionen in t pro Kopf und Jahr	1971	1981	1991	1995	1998	1999	2000
Deutschland*	12,7	13,2	11,7	10,7	10,5	10,3	10,1
USA	20,7	20,1	19,1	19,5	20,4	20,5	20,6
Japan	7,2	7,6	8,6	9,0	8,8	9,1	9,1
Frankreich	8,4	7,7	6,5	5,8	6,2	6,0	6,2
Großbritannien	11,5	10,0	10,0	9,4	9,2	9,0	8,9
Italien	5,6	6,4	7,1	7,2	7,3	7,3	7,4
Niederlande	9,8	10,7	10,9	11,0	10,9	10,5	11,1
Schweden	10,5	8,0	5,6	5,8	5,6	5,4	5,9
V.R. China	1,0	1,5	2,1	2,5	2,5	2,4	2,2
Indien	0,4	0,5	0,7	0,9	0,9	0,9	0,9
Bangladesch	0,1	0,1	0,1	0,2	0,2	0,2	0,2
OECD	10,8	10,9	10,6	10,6	11,0	11,0	11,1
Welt	3,9	4,1	4,0	3,9	3,9	3,9	3,9

* Ost- und Westdeutschland umfassend

Tabelle 2: CO_2-Emissionen pro Kopf aus der Verbrennung fossiler Brennstoffe im internationalen Vergleich

Quelle: IEA (2001), CO_2-Emissions from Fuel Consumption 1971 – 1999, Paris, IEA (2002) Key World Energy Statistics, Paris, In: Coenen, Reinhard, Grunwald, Armin (Hrsg.) (2003), Nachhaltigkeitsprobleme in Deutschland, S.120

Deutschland liegt somit auf dem dritten Platz hinter den USA und den Niederlanden. Der globale Durchschnitt hält sich relativ konstant bei ca. 4 Tonnen. Das zeigt, dass Deutschland vergleichsweise erschreckend viel zu der globalen Umweltverschmutzung beiträgt. Besonders der Industriesektor ist ein Hauptfaktor der Emissionen, hier ist also Handlungsbedarf zur Reduzierung angebracht.

Von einer „Dematerialisierung" industrieller Wirtschaftsweisen, also einer signifikanten Verringerung des Ressourceneinsatzes für die Generierung eines bestimmten Wohlstandsniveaus, kann jedoch nicht die Rede sein. Es ist ebenfalls zu beobachten, dass eine Entkoppelung des Wirtschaftswachstums vom Umweltverbrauch stattfindet: "Economic activity is growing somewhat more rapidly than natural resource use".[16] Trotz stagnierender Wirtschaft, wie es z.b. in Deutschland seit einigen Jahren vorherrscht, geht der Verbrauch von Ressourcen oder ähnlichen Umweltgütern nicht merklich zurück.

Bei der Beurteilung von Nachhaltigkeitsdefiziten muss auch berücksichtigt werden, dass neben der Umweltbelastungen des produzierenden Gewerbes auch der private Verbrauch einen erheblichen Anteil an den Umweltwirkungen besitzt. Allein die durch den privaten Verbrauch direkt verursachte Umweltbelastung in Form von Ressourcenverzehr und Schadstoffemittierung wird auf 30 bis 40 Prozent des Gesamtvolumens geschätzt. Güterkonsum durch die privaten Haushalte bedeutet folglich auch Umweltkonsum. Somit steht der Konsum potenziell im Konflikt mit der ökologischen Dimension der Nachhaltigkeit. In der Bevölkerung ist die Tendenz zu erkennen, dass der Stellenwert des Umweltschutzes seit Beginn der 90er-Jahre fast kontinuierlich abgenommen hat. Die GfK betreibt seit 20 Jahren in eigener Regie eine jährliche Studie, in deren die deutsche und europäische Bevölkerung gefragt wird, welche die dringendste Aufgabe sei, die in Deutschland zu lösen ist. Das Thema „Arbeitslosigkeit" dominiert dort seit langem bei Werten zwischen 60 und 80 Prozent. „Umweltschutz" ist von 29 Prozent im Jahr 1990 (dritter Rang) auf den Tiefststand von 4 Prozent im Jahr 1999 (ca. zehnter Rang) gesunken, hat sich aber bis 2001 wieder auf 11 Prozent gesteigert.[17] Zur Validität solcher Ergebnisse bemerkt Preisendörfer:

---

[16] Vgl. World Resources Institute et al. (Eds.) (1997): Resource Flows. The Material Basis of Indutrial Economics. Washington /DC In: Hirschl, B./ Konrad, W./ Scholl, G.U./ Zundel, St. (2001), S.13.

[17] Vgl. Gaspar C./Müller B.(2001): Challenges of Europe 2001, hrsg. von der GfK-Nürnberg e.V., Nürnberg (unveröffentlichte Studie) In: Wimmer, Frank (2001), S.87.

„Mit Urteilen über die Priorität des Umweltschutzes im Vergleich zu anderen Problemen...[!] wird das ökologische Problembewusstsein der Bevölkerung nur sehr rudimentär erfasst. Insbesondere ist...[!] bekannt, dass die Einschätzung der Bedeutung des Umweltproblems relativ stark von politischen Tagesereignissen überlagert wird".[18]

Trotzdem ist hier eindeutig ein sinkender Trend beim Umweltverhalten zu verzeichnen.

2.4 Mobilität und Verkehr

Allgemeine Trends führen zu dem Bild, dass bei bestehenden Produktgruppen mehr Produkte pro Kopf gebraucht oder verbraucht werden als in den vergangenen Jahren (z.b. steigende Anzahl von Pkw pro Kopf der Bevölkerung). Als Ursache für diesen Anstieg kann man die stark ansteigende Ansprüche der Lebensbedingungen sowie die Zunahme der Ein- und Zwei-Personen-Haushalte benennen. Des Weiteren steigen ebenfalls die Nutzen- bzw. Funktionsansprüche an bestehende Produkte. Pkws z.B. werden obgleich abnehmender Besetzung größer und schneller gebaut und gefahren, werden darüber hinaus mit neuen Sicherheitsausstattungen (ABS, Airbag, etc.) ausgerüstet und sind mit Klimaanlage, Stereoanlage, Autotelefon und Navigationssystem erheblich komfortabler. Bestehend zu dem eigentlichen Nutzen, der Fortbewegung, kommen Zusatznutzen dazu, wie symbolischer Nutzen, der mit der eigentlichen Mobilität nichts zu tun hat. Bezogen auf den Primärenergieverbrauch hat der Sektor Mobilität einen erheblichen Anteil von 20 Prozent (s. folgende Abbildung 1).[19]

---

[18] Preisendörfer, P. zit. nach Wimmer, Frank (2001), S.87.
[19] Vgl. Grießhammer, Rainer (2001), S.105f.

Kapitel 2: Nachhaltigkeitsprobleme im Mobilitäts- und Verkehrsbereich

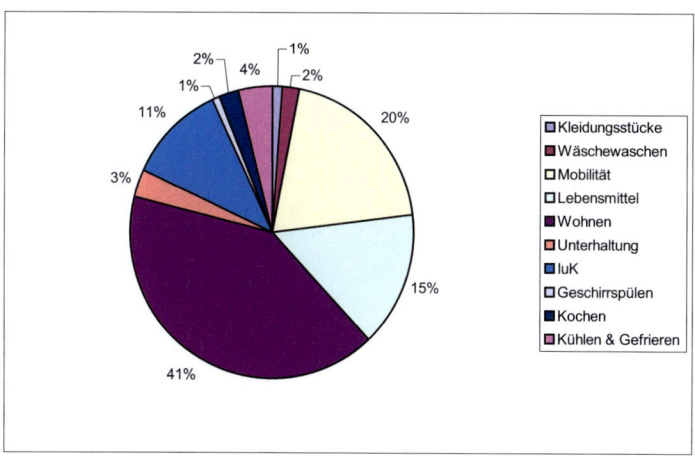

Abbildung 1: Anteile der einzelnen TopTen-Produkte/-Dienstleistungen am Primärenergieverbrauch aller TopTen-Produktfelder
Quelle: In Anlehnung an Grießhammer, Rainer (2001), in: Hansen, Ursula (Hrsg.)/ Schrader, Ulf, Nachhaltiger Konsum, S.106

Diese TopTen-Produkte entsprechen etwa 70 Prozent aller Produkte. Auffallend ist, dass bei den meisten Produkten der Energieaufwand der Gebrauchsphase dominiert. Der Durchschnitt der hier gezeigten zehn Hauptproduktfelder liegt bei 64 Prozent (s.Abb. 2). Beim Auto liegt er dagegen um einiges höher, nämlich bei 75 Prozent.[20]

---

[20] Vgl. ebenda, S.107.

Kapitel 2: Nachhaltigkeitsprobleme im Mobilitäts- und Verkehrsbereich

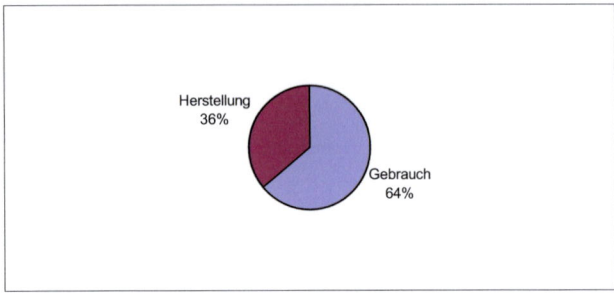

Abbildung 2: Anteil Herstellung und Gebrauchsphase am Primärenergieverbrauch, gemittelt über alle TopTen-Produkte
Quelle: In Anlehnung an Grießhammer, Rainer (2001), in: Hansen, Ursula (Hrsg.), Schrader, Ulf, Nachhaltiger Konsum, S.107

Neben dem Kaufverhalten spielt also auch das Nutzungsverhalten eine große Rolle. Bei den Verbrauchswerten, die von den Fahrzeugherstellern angegeben werden, handelt es sich lediglich um Durchschnittswerte. Wie viel man wirklich verbraucht, ist abhängig von der Fahrweise und der Fahrstrecke. Zu beachten ist, dass der Besitz eines Autos viel mit Prestige und Ansehen zu tun hat. Ein Auto verleiht Freiheit und Unabhängigkeit. Ist ein eigenes Auto vorhanden, schränkt dies die Suche nach Alternativen, sich fortzubewegen, wie z.b. das Zu-Fuß-Gehen oder Fahrradfahren, vor allem bei jungen Menschen, stark ein. Wenn die Nutzung des Autos zur Gewohnheit geworden ist und sich das Mobilitätsverhalten habitualisiert hat, erscheint es vielen Autofahrern unmöglich, auf das eigene Auto zu verzichten.[21]

Das Auto wird in der Werbung vielfach mit Status, Prestige, Freude, Freiheit, Unabhängigkeit etc. verbunden. Hierbei stellt sich die Frage, inwie-

---

[21] Vgl. Belz, Frank-Martin (2003), S.323.

fern die Hervorhebung der Sekundärfunktionen eines Autos mit der immer schlechteren Erfüllung der Primärfunktion, d.h. einer durch die Masse an Fahrzeugen eingeschränkten Transportfunktion, zu tun hat. Hier soll nicht die Autowerbung diskreditiert werden, sondern eher kritisch im Sinne einer Bedürfnisreflexion bzw. -interpretation hinterfragt werden, ob ein Auto wirklich Freiheit und Unabhängigkeit vermittelt. [22]

Unabhängig von der Art der motorisierten Mobilität wird deutlich, dass das Ausmaß der Mobilität während der letzten 50 Jahre so gestiegen ist, dass sie weder in ökologischer noch in sozialer Hinsicht als nachhaltig bezeichnet werden kann. Ein Hauptgrund dieser Entwicklung sind die niedrigen Energie- und Treibstoffpreise. Vergleicht man die Preise in den Jahren 1905 bis 2000, dann fällt auf, dass Benzin lediglich um das Vierfache von 0,56 DM auf rund 2,00 DM gestiegen ist, wogegen Grundnahrungsmittel wie Brot einen Preisanstieg um das Zehnfache und eine Dienstleistung wie Haarschneiden um das Vierzigfache aufweisen. Je höher die Treibstoffpreise sind, desto größer werden die ökonomischen Anreize für die Konsumenten, umweltverträglich zu fahren oder beim nächsten Autokauf auf den Spritverbrauch zu achten.[23]

Nachteilig für eine nachhaltige Entwicklung hat sich auch das Bedürfnis nach Mobilität verändert. Die Verkehrsleistung im Personenverkehr im bundesdeutschen Gebiet hat sich in den letzten vier Jahrzehnten fast vervierfacht und erreichte 2000 einen Wert von 990 Milliarden Personenkilometer. In relativen Zahlen ausgedrückt, heißt dies, dass in Verbindung mit der Wiedervereinigung, die Zahl von 4.300 Personenkilometer pro Einwohner im Jahre 1960 auf 11.390 Personenkilometer pro Einwohner im

---

[22] Vgl. ebenda, S.325.
[23] Vgl. ebenda, S.327f.

Jahre 2000 gestiegen ist. Hinsichtlich dieser Zahlen ist ebenfalls eine Verschiebung der Verteilung auf die Fahrkilometer zu verzeichnen. 1960 lag der Anteil der Kilometerleistung des motorisierten Individualverkehrs (MIV) noch bei 65 Prozent, 2000 ist dieser Wert bereits auf 75 Prozent gestiegen. Andere Mobilitätsbereiche, wie der Eisenbahnverkehr, der Luftverkehr und der öffentliche Straßenpersonenverkehr haben einen wesentlich geringeren Anteil an den Fahrtkilometern (s. Abbildung 3). Dabei wurden die Verkehrsleistungen im MIV zunehmend mit größeren, stärker motorisierten Fahrzeugen durchgeführt. Die durchschnittliche Motorleistung von Pkws hat sich binnen 20 Jahren von 53 kW (1980) auf 67 kW (1999) erhöht. Dieser Trend geht auf gestiegene Anforderungen im Bereich Sicherheit und Komfort zurück, was zugleich aber einen erhöhten Kraftstoffbedarf nach sich zieht.[24]

---

[24] Vgl. Berghof, Ralf/ Coenen, Reinhard/ Keimel, Hermann/ Klann, Uwe/ Schulz, Volkhard (2003), S.141.

Kapitel 2: Nachhaltigkeitsprobleme im Mobilitäts- und Verkehrsbereich

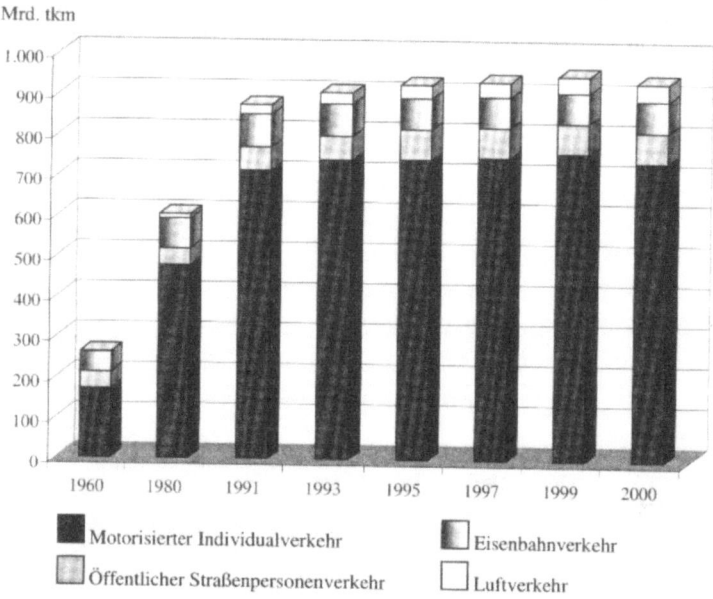

Abbildung 3: Personenverkehrsleistung in Deutschland (ohne Fußgänger und Radverkehr)
Quelle: BMVBW (2001): Verkehr in Zahlen 2001/2002, Hamburg, In: Coenen, Reinhard/ Grunwald, Armin (Hrsg.) (2003), Nachhaltigkeitsprobleme in Deutschland, S.142

Im Verkehrssektor ist auf der Nachfrageseite eine deutliche Expansion zu beobachten, die sich in zunehmendem Fahrzeugbestand und deutlich steigenden Personenverkehrsleistungen im motorisierten Individualverkehr ausdrückt. Diese Entwicklung korrespondiert auf ökologischer Seite mit einem deutlich wachsenden energetischen Ressourcenverbrauch und zunehmenden Treibhausgasemissionen. Die folgende Tabelle charakterisiert die Entwicklungen der Nachhaltigkeit im Verkehrssektor.[25]

---

[25] Vgl. Berghof, Ralf/ Coenen, Reinhard/ Keimel, Hermann/ Klann, Uwe/ Schulz, Volkhard (2003), S. 151.

Kapitel 2: Nachhaltigkeitsprobleme im Mobilitäts- und Verkehrsbereich

Indikator	Entwicklung	Ziel
Verkehrsleistung im Personenverkehr	1991: 928 Mrd. Pkm 2000: 990 Mrd. Pkm	Kein Ziel
Verkehrsleistung im Güterverkehr	1991: 382 Mrd. tkm 2000: 490 Mrd. tkm	Kein Ziel
Endenergieverbrauch der Verkehrsnachfrage	1991: 2.435 PJ 2000: 2.765 PJ	Kein Ziel
Kohlendioxidemissionen der Verkehrsnachfrage	1991: 174 Mt 2000: 197 Mt	Reduktion der Gesamtemissionen in Deutschland zwischen 1990 und 2020 um 40%
Stickstoffemissionen der Verkehrsnachfrage	1991: 1.407 kt 2000: 1.154 kt	Reduktion zwischen 1990 2020 um 80%
Dieselpartikelemissionen der Verkehrsnachfrage	1991: 47,5 kt 2000: 40,5 kt	**Reduktion zwischen 1990 und 2020 90%**

PJ = Petajoule; Pkm = Personenkilometer; tkm = Tonnenkilometer

Tabelle 3: Übersicht über wesentliche Nachhaltigkeitsdefizite im Bereich Mobilität und Verkehr

Quelle: In Anlehnung an Coenen, Reinhard/Grunwald, Armin (Hrsg.) (2003), Nachhaltigkeitsprobleme in Deutschland, S.152

Die Entwicklungen im Mobilitätsbereich bezogen auf die Bekämpfung der lokalen Emissionen hat bereits weitrechende Erfolge gebracht. Luftschadstoffe wie Kohlenmonoxid, Stickoxiden, Benzol und Kohlenwasserstoffen sind in Folge von deutlich verschärften Abgasvorschriften und dadurch hervorgerufenen neuen Motor- und Abgastechnologien sowie sauberer Kraftstoffe sind deutlich zurück gegangen. Der EURO-3 und EURO-4[26]-Anteil der neu zugelassenen Fahrzeuge liegt bei über 90 Prozent. Jedoch

---

[26] EURO-4 ist eine vorgeschriebene Abgasstufe (ab 2005), die die Emissionen von EURO-3 etwa halbiert.

liegen immer noch mehr als 50 Prozent der Pkw im laufenden Betrieb unterhalb der EURO-2-Norm.[27]

2.5 Nachhaltige Entwicklung – Konsistenz, Effizienz und Suffizienz

Die bereits geschilderten Nachhaltigkeitsdefizite haben in den letzten Jahren Eingang in die (umwelt-) politische und wissenschaftliche Diskussion um Wachstum, Entwicklung, Fortschritt und Umwelt gefunden. Als Umsetzungsstrategien dafür werden Konsistenz, Effizienz und Suffizienz diskutiert. Die beiden Strategien Konsistenz und Effizienz sind dabei als Strategien bereits hinreichend ausgearbeitet und akzeptiert, weil sie (ökologische) Verbesserungen ohne große Veränderungen versprechen. Suffizienz dagegen wird von vielen abgelehnt, da sie einschneidende Veränderungen der Lebensweisen fordert, die vor allem in technisch und wirtschaftlich hoch entwickelten Industrienationen nicht ohne einen Bewusstseinswandel in der Bevölkerung zu erreichen ist. Suffizienz wird somit mit Genügsamkeit oder Verzicht übersetzt, enthält also eine negative Komponente.[28] Die Suffizienzstrategie setzt an den Lebensstilen an, und gilt als nicht resonanz- und anschlussfähig in weiten Kreisen der Bevölkerung.[29]

Die Effizienzstrategie bedeutet, dass die Ressourcenproduktivität, d.h. die Verringerung des Stoff- und Energieeinsatzes pro Outputeinheit.[30] Es gelte, Produkte bei Produktion, Betrieb und Entsorgung nach Ressourcen- und

---

[27] Vgl. Berghof, Ralf/ Coenen, Reinhard/ Keimel, Hermann/ Klann, Uwe/ Schulz, Volkhard (2003), S.145f.
[28] Vgl. Kleinhückelkotten, Silke (2002), S.229.
[29] Vgl. Huber, J., Nachhaltige Entwicklung durch Suffizienz, Effizienz und Konsistenz. In: Fritz, P./ Huber, J./ Levi, H.W. (Hrsg.): Nachhaltigkeit in naturwissenschaftlicher und sozialwissenschaftlicher Perspektive, Stuttgart 1995, S.130. In: ebenda, S.229.
[30] Vgl. Kleinhückelkotten, Silke (2002), S.230.

Umweltverträglichkeitsgesichtspunkten zu optimieren.[31] Vor allem in der Wirtschaft und Technik erfährt die Effizienzstrategie großen Zuspruch, da sie verspricht, ohne Minderung des Güterkonsums, allein durch eine Steigerung der Ressourcenproduktivität einen Beitrag zu einer nachhaltigen Entwicklung zu leisten. Ziel ist es, den Wirkungsgrad des Stoff- und Energieeinsatzes zu erhöhen. Ein Beispiel hierfür wäre der verringerte Energie- und Materialeinsatz bei der Automobilproduktion oder die Reduktion des Kraftstoffverbrauchs für den Pkw-Bereich zu nennen.

Die Konsistenzstrategie wird häufig als die wichtigste angesehen. Die Stoff- und Energieströme müssen qualitativ und quantitativ an die Regenerationsfähigkeit der Ökosysteme angepasst werden.[32] Hauptaugenmerk müsste man auf die ökologische Angepasstheit der Stoffströme setzen, um diese durch veränderte Stoffstromqualitäten zu verbessern.[33] Ein Beispiel dafür könnte der Ersatz der fossilen Energieträger durch regenerative Energieformen sein. Ohne eine Einschränkung des momentanen Konsums werden diese Erfolge durch den vermehrten Konsum wieder aufgehoben. Wie dieses Beispiel zeigt, kann der Erfolg des gesenkten Kraftstoffverbrauchs pro Pkw durch die Zunahme des Gesamt-Pkw-Bestandes und der Fahrleistung zunichte gemacht werden. An diesem Punkt setzt die Suffizienzstrategie an, die mit ihren Forderungen wesentlich radikaler ist und darauf abzielt, die umwelt- und ressourcenbelastenden Praktiken einzudämmen bzw. zu ersetzen. Dort ist die Rede von Konsumverzicht oder Konsumvermeidung. In diesem Zusammenhang soll von einem Wohlstandsmodell ab-

---

[31] Vgl. Zwick, Michael M. (2002), S.96.
[32] Vgl. Gillwald, K.: Umweltverträgliche Lebensstile. Chancen und Hindernisse. In: Altner,G./Mettler-von Meibom,B./ Simonis, U.E./ von Weizsäcker, U. (Hrsg.): Jahrbuch Ökologie 1997, München 1997, S.87. In: Kleinhückelkotten, Silke (2002), S.230.
[33] Vgl. Huber, J., Nachhaltige Entwicklung. Strategien für eine ökologische und soziale Erdpolitik, Berlin 1995, In: Kleinhückelkotten, Silke (2002), S.230.

gewichen werden, hin zu Werten wie persönliche Weiterentwicklung, zwischenmenschliche Beziehungen sowie geistiges und intellektuelles Wachstum sollen materielle Werte ausblenden. Kritiker der Suffizienzstrategie halten diese für unrealistisch, da sie den gängigen und immer noch gegenwärtigen Auffassungen materieller Nutzenmaximierung entgegensteht. Sie gilt als „unerwünscht, insofern ihre gewaltsame Erzwingung freiheitlich-rechtsstaatliche und zivile Lebensbedingungen zerstören müsste."[34] Auch wenn die Effizienz- und Konsistenzstrategie in der Gesellschaft auf eine größere Akzeptanz treffen, muss trotzdem parallel dazu eine Änderung der Wirtschafts- und Lebensweise einhergehen, vor allem in den höherentwickelten Industrienationen, denn es wird sich kaum durch ein ökologisch konsistentes und effizientes Handeln gleiche Lebensbedingungen für die heutige oder zukünftige Generationen erreichen lassen. Es müssen die Strategien für ein umwelt- und ressourcenschonenden Umgang mit der Einschränkung eines unbändigen Konsums einhergehen, um eine erfolgsversprechende Gesamtstrategie zu verfolgen.[35]

2.6 Markteinführung nachhaltiger Technik

Die Energieversorgung zählt zu den großen Herausforderungen einer nachhaltigen Entwicklung. Hauptprobleme sind, wie oben erwähnt, der hohe Verbrauch nicht erneuerbarer Energieträger sowie Kohlendioxid-Emissionen. Der Durchschnittsmensch verbraucht heute etwa 15 mal mehr Energie als 1870. Das weiterhin stark ansteigende Bevölkerungswachstum

---

[34] Huber, J., Nachhaltige Entwicklung durch Suffizienz, Effizienz und Konsistenz. In: Fritz, P./ Huber, J./ Levi, H.W. (Hrsg.): Nachhaltigkeit in naturwissenschaftlicher und sozialwissenschaftlicher Perspektive, Stuttgart 1995, S.130. In: Kleinhückelkotten, Silke (2002), S.231.

[35] Vgl. Kleinhückelkotten, Silke (2002), S.231.

vor allem in den Schwellen- und Entwicklungsländern stellt ein großes Problem für die Energieversorgung künftiger Generationen dar. Wenn diese Volkswirtschaften stark wachsen, wird es zu einem erhöhten Ressourcenverbrauch kommen. Damit würden die begrenzten Energiereserven schneller aufgebraucht werden und die Klimaauswirkungen würden sich weiter vermehren. Da auch die modernste Technik beim sparsameren Energieeinsatz an ihre Grenzen stößt, ist die zweite Säule einer zukünftigen Energieversorgung der beschleunigte Ausbau regenerativer Energien im globalen Maßstab.[36] Der Technikeinsatz entscheidet maßgeblich darüber mit, wie nachhaltig die Wirtschaftsweise ist. Zahlreiche Nachhaltigkeitsprobleme sind auf Technik und ihre Nutzung zurückzuführen. Innovative Technik bietet aber auch Chancen für eine nachhaltigere Entwicklung, z.B. durch Effizienzsteigerungen in der Bereitstellung und Nutzung von Energie. Schritte auf dem Weg zu einer nachhaltigen Entwicklung sind ohne innovative Technikentwicklungen nicht denkbar.[37]

Bei den erneuerbaren Ressourcen liegen die wohl wichtigsten Nachhaltigkeitsbeiträge in der Schonung nicht erneuerbarer Ressourcen sowie in ihrer Umweltverträglichkeit im Betrieb. Aufgrund technologischer Entwicklungen und steigernder Fertigungsvolumen sind zukünftig noch weitere deutliche Kostensenkungspotenziale vorhanden, die durch entsprechende Marktentwicklungen stimuliert werden können.[38]

Gestaltungskonzepte im Hinblick auf Technikentwicklung und -nutzung für nachhaltige Entwicklung können und müssen an verschiedenen Stellen im Innovationsprozess ansetzen. Dies kann in bestimmten Grenzen in Forschung und Entwicklung erfolgen, es kann sich aber auch auf den Marke-

---

[36] Vgl. Nitsch, Joachim (2003), S.387.
[37] Vgl. Coenen, Reinhard/ Grunwald, Armin (2003), S53.
[38] Vgl. Nitsch, Joachim (2003), S.391.

tingbereich beziehen, z.B. in Sinne einer gezielten Produktkennzeichnung, sowie auf die Kommunikation in der Öffentlichkeit über Chancen und Risiken und eine politische Gestaltung der Rahmenbedingungen zur Förderung von unter Nachhaltigkeitsaspekten erwünschten Techniken.[39] Hier zählen vor allem finanzielle Anreize, die umweltverträgliche Handlungsalternativen attraktiver machen, sowie organisatorische und informationstechnologische Maßnahmen. Im Einzelfall können Ge- oder Verbote zu mehr Nachhaltigkeit führen, obwohl nicht alle Gruppen sich dafür offen zeigen, wenn es sich um politische Maßnahmen handelt.[40]

---

[39] Vgl. Dippoldsmann, Peter/ Paetau, Michael (2003), S.421.
[40] Vgl. Zwick, Michael M. (2002), S.114.

3. Notwendigkeit zur Umorientierung in der Energiepolitik

Die aktuelle Entwicklung bei den Benzinpreisen und dem Versiegen des Energieträgers Erdöl heizt die Diskussion für Alternativen in der Energieversorgung an. Einführend wird hier die Abhängigkeit vom Erdöl beschrieben und die Notwendigkeit aufgezeigt, warum Alternativen, wie z.B. Biokraftstoffe, einen Ausweg aus der Bedrängnis darstellen.

Dabei ist zu bemerken, dass der Erdöl- sowie Erdgasmarkt stark von Lobbyisten geprägt ist, was eine objektive Darstellung des Energiemarktes erschwert. Jedoch werden Gegenpositionen erläutert, damit sich ein differenziertes Abbild der Meinungen ergibt.

3.1 Gründe für den Rohölpreisanstieg

Die Nachfrage nach dem heute noch wichtigsten Energieträger Erdöl ist stark angestiegen, da vor allem der gestiegene Bedarf in China, den USA und Indien den Preis hochhält. Bedenklich ist, dass keine Anzeichen zu einer Abschwächung oder zumindest Konstanz der Nachfrage bestehen. In China stieg 2003 der Autoabsatz um 74 Prozent. Für dieses Jahr wird ein Plus von 20 Prozent erwartet.[41] In 16 Jahren soll jeder zwölfte Chinese ein Auto besitzen, prognostiziert das Japanische Institut für Energiewirtschaft in Tokyo.[42] Von heute annähernd 24 Millionen Autos werde sich die Zahl der chinesischen Autos dann auf 120 Millionen im Jahr 2020 verfünffachen. Bis dahin werde, so die Tokyoter Expertise, „die Ausbreitung des Autobesitzes in China einen extrem großen Einfluss auf die Ölmärkte haben".[43] Nicht nur im Verkehrssektor ist Erdöl eine unverzichtbare Ressour-

---

[41] Vgl. Stürmlinger, Daniela (2004), S.19.
[42] Vgl. Blume, Georg; Fischermann, Thomas; Vorholz, Fritz, (2004), S.23.
[43] Ebenda, S.23.

ce, auch ist Öl ist die treibende Kraft der Industriegesellschaften. Aufstrebende Länder, deren Wirtschaft ein rasantes Wachstum erfahren, wollen an dem „Schwarzen Gold" teilhaben. Ein Beispiel dafür ist China, das zur ökonomischen Supermacht aufgestiegen und zum zweitgrößten Konsumenten des Rohstoffs nach den USA (s. Abb. 4) geworden ist. Chinas Bürger sind begierig darauf, sich bislang unerreichte Träume zu erfüllen: moderne Autos, geräumige Wohnungen, kühlende Klimaanlagen. Dafür brauchen sie unglaubliche Mengen an Energie.[44]

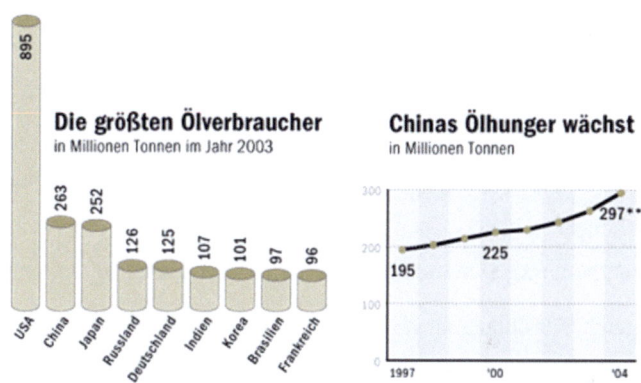

Abbildung 4: Die größten Ölverbraucher und Chinas Ölhunger wächst
Quelle: Greenpeace (2004), in: Online im Internet, URL: **http://www.stern.de/** wirtschaft/geld/meldungen/index.html?id=524578&q=Das%20Ende%20des%20billigen%20%D6ls, Stand 08.06.2004

Chinas Energiebedarf ist ein Faktor, der den Erdölpreis in die Höhe treibt. Die USA sorgen ebenfalls für eine stark steigende Nachfrage. In den USA sind 204 Millionen Personenwagen zugelassen, obwohl nur 190 Millionen Menschen einen Führerschein besitzen. Neun von zehn Amerikanern fah-

---

[44] Vgl. Follath, Erich; Jung, Alexander, (2004), S.111.

ren mit dem Auto zur Arbeit. 40 Prozent ihres gesamten Öls nutzt die größte Wirtschaftsmacht der Welt allein dazu, die privaten Autos zu betanken. Die USA produzieren zwar große Mengen Öl, sie sind aber auch die größten Konsumenten auf dem heimischen Markt.[45] Amerika fällt es immer schwerer, den schwellenden Bedarf seiner Bürger zu decken.[46] Das Land kann die Nachfrage selbst nicht befriedigen. Die Infrastruktur der Raffinerien ist veraltet und überlastet. Gegenüber den Jahren davor hat der Nachfrageboom schon vor den Sommerferien in den USA eingesetzt. Die steigende Nachfrage war erst für einen späteren Zeitpunkt erwartet worden.

Ein anderes Kriterium für den Preisanstieg ist die Terrorgefahr bzw. Terrorangst. Im Juni 2004 hat es auf die Arbeiter der Raffinerien in Saudi-Arabien einen terroristischen Anschlag gegeben. Die Terrorgefahr in den Gebieten des Nahen Ostens ist extrem groß. Da in Märkten auch Psychologie eine Rolle spielt, war der Weltmarktpreis für Rohöl durch vermutete Entwicklungen verteuert. Im Rekordpreis von über 40 Dollar waren nach Bewertung von Experten rund zehn Dollar „Terror-Zuschlag" enthalten.[47]

Die folgende Abbildung zeigt den Verlauf des Rohölpreises über zwei Dekaden. In den letzten Jahren ist ein stetiger Aufwärtstrend der Preisentwicklung zu beobachten.

---

[45] Vgl. Daniels, Arne, (2004), Stand 08.06.2004.
[46] Vgl. Ebenda, Stand 08.06.2004.
[47] Vgl. Eicher, Claus Christoph, (2004), S. 24.

Kapitel 3: Notwendigkeit zur Umorientierung in der Energiepolitik

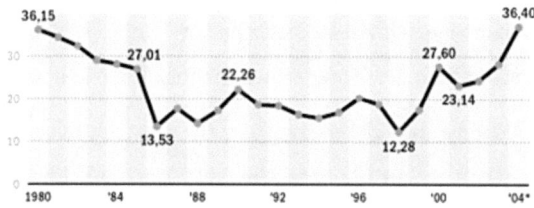

Abbildung 5: Rohölpreisentwicklung
Quelle: Mineralölwirtschaftsverband, (2004),in: Online im Internet, URL: http://www.stern.de/wirtschaft/geld/meldungen/index.html?id=524578&q=Das%20End e%20des%20billigen%20%D6ls, Stand 08.06.2004

Jeder diese Faktoren treibt den Preis für das Erdöl nach oben. Da der Rohölpreis ein Weltmarktpreis ist, unterliegen alle Volkswirtschaften der Preissteigerung. So kostete das Super Benzin in Deutschland mehr als 1,20 Euro pro Liter. Dies ist seit der Ölkrise Anfang der Achtziger Jahre ein neuer Höchststand.

3.2 Reichweite der Erdölreserven

Die entscheidende Frage in diesem Zusammenhang ist nun, wie ergiebig die Reserven des Öls noch sind und wie teuer es sein wird, sie zu fördern. Darüber gibt es eine weitgeführte Diskussion von verschiedenen Seiten. Die starke Lobbyistenseite der Mineralölkonzerne propagiert eine Erdölversorgung über Jahrhunderte hinweg. Dies wurde in einem Buch des Mineralölverbandes im Jahre 2000 mit dem Titel „Kraftstoffe der Zukunft" behauptet.[48] Danach würden auch keine Alternativen Kraftstoffe gebraucht

---

[48] Vgl. Mineralölwirtschaft (2000).

werden. BP-Chefökonom Davies vertraut darauf, dass ideenreiche Geowissenschaftler und kreative Ingenieure immer neue Wege finden werden, um weitere Potenziale zu erschließen. Noch immer hätten technologische Fortschritte die Erschöpfung der Vorkommen hinauszögern können.[49]

Eine weitere Aussage der Ölkonzerne ist z.B., dass „Öl reicht nur noch für wenige Jahrzehnte" sei so alt, wie sie falsch ist. Die Einschätzung der Reichweite der Ölreserven ist von einer Vielzahl ökonomischer und technischer Faktoren abhängig. Je höher der durchschnittliche Ölpreis, desto höher sind die wirtschaftlich gewinnbaren Ölreserven anzusetzen, weil auch schwerer zugängliche Vorkommen erschlossen werden können. Fortschritte in der Fördertechnik erhöhen die gewinnbaren Ölvorräte weiter. Bei einem Ölpreis von 40 Dollars pro Barrel werden die sicher gewinnbaren Ölreserven auch in hundert Jahren noch nicht erschöpft sein.[50] Gerade die in Kanada gefundenen Ölschiefer und Ölsande versprechen noch genügend Potenzial, das Erdöl aus der Erdkruste herauszupressen, betonen die Mineralölkonzerne.

Die vorhandene Ölmenge ist also keine physikalische Größe, sondern eine Frage der ökonomischen Berechnung: Je mehr für das Öl gezahlt wird, desto mehr wird auch gewonnen, weil sich dann auch die Erschließung teurer Quellen lohnt.[51]

Trotzdem ist zu den oben genannten Angaben Skepsis angebracht. Dass die Öl-Multis solche Prognosen aufstellen, hat firmenpolitische Gründe, da sie einen weit gefassten Spielraum haben, um ihre Reserven zu bewerten. Jedoch muss man den Blick auch auf eine andere Perspektive lenken. Nach

---

[49] Vgl. Follath, Erich; Jung, Alexander, (2004), S.118.
[50] Vgl. Picard, Claus, (2004), S.30.
[51] Vgl. Eicher, Claus Christoph, (2004), S27.

Kapitel 3: Notwendigkeit zur Umorientierung in der Energiepolitik

Geologensicht sind von den ca. 43.000 bekannten Ölfeldern die größten bereits gefunden. Es wird heute fast ausschließlich in bereits vorhandenen Feldern der letzte Tropfen gefördert. 90 Prozent der heutigen Erzeugung stammen aus Feldern, die schon über 20 Jahre alt sind.[52] Dieses zeigt, dass Ölgesellschaften zwar nicht falsche, sondern unvollständige Informationen angeben.

Die Ölfirmen bewerten die Reserven je nachdem, welche Interessen sie verfolgen. Zu hohe Bewertungsansätze locken Investoren ins Land. Untertriebene Bewertungen werden angegeben, um mögliche Steuern zu sparen oder um Finanzhilfen von der Weltbank zu bekommen.[53] „Alle Reserveangaben sind daher mit Vorsicht und unter Vorbehalt zu betrachten", warnt die Bundesanstalt für Geowissenschaften und Rohstoffe in ihrer neuesten Energiestudie.[54]

Ein Beispiel dazu ist der Ölkonzern Shell, bei welchem die Bewertungszahlen für Wirbel gesorgt haben. Shell teilt sich mit einem Konsortium aus BP, ExxonMobil, Norsk Hydro und Statoil das norwegische Gasfeld Ormen Lange. Obwohl dort alle mit denselben geologischen Daten operieren, hat jedes Unternehmen die Vorkommen anders in die Bilanzen aufgenommen. Die Spanne reicht von 20 bis 80 Prozent der dort vermuteten Reserven. Wer hat also Recht?[55]

Wie lange das Erdöl noch reichen wird, ist schwer abzuschätzen. Jedoch dürfte sich in absehbarer Zeit die Marktkonstellation in dramatischer Weise verändern, wenn nämlich die Nachfrage das Angebot übertreffen wird. Je

---

[52] Vgl. Follath, Erich; Jung, Alexander, (2004), S.114.
[53] Vgl. Ebenda, S.114.
[54] Vgl. Ebenda, S.114.
[55] Vgl. Follath, Erich; Jung, Alexander, (2004), S.116.

knapper der Rohstoff ist, umso umkämpfter ist er auch. Und knapp wird er schon bald, glauben Skeptiker wie der irische Geologe Colin Campbell: „Natürlich wird uns das Öl nicht ausgehen", sagt er. „Es geht aber darum, dass wir bald den Punkt erreichen, an dem wir mehr verbrauchen, als wir produzieren können." (..) „Nach meinen Berechnungen wird es im kommenden Jahr so weit sein."[56]

Ob diese Einschätzung von Campbell schon so früh eintreten wird, bleibt abzuwarten. Jedoch macht diese neue Marktkonstellation eines deutlich: Wenn das Angebot bei steigender Nachfrage sinkt, steigen die Preise. Vor allem in den aufsteigenden Schwellenländern China und Indien wird ein immenser Nachfrageschub an Erdöl erwartet. Nach Berechnungen der IEA wird der weltweite Ölverbrauch von 78,6 Millionen Barrel am Tag (2003) auf 82,4 Millionen am Ende des Jahres ansteigen – das wäre der größte Zuwachs aller Zeiten.[57]

3.3 Importabhängigkeit vom instabilen Nahen Osten

Dass das Erdöl irgendwann versiegt, ist wohl unausweichlich. Wie viele Jahre es dauern wird, ist jedoch schwer zu beurteilen. Ein anderes Dilemma, in denen die westlichen Länder stecken ist, dass ein Großteil des geförderten Öls in politisch instabilen Ländern wie Saudi-Arabien, Iran und Irak verborgen ist.

Gerade die größten Verbraucher werden sich kaum aus eigenen Beständen bedienen können. Ein Beispiel dazu ist Amerika: Noch sind die Vereinigten Staaten der drittgrößte Ölproduzent der Welt, knapp hinter Russland und

---

[56] Vgl. Ebenda, S.113.
[57] Vg. Daniels, Arne (20049, Stand 08.06.2004.

Saudi-Arabien. Doch dieser Reichtum könnte schnell verfeuert sein. Die USA, die derzeit jedes vierte Barrel Öl verbrauchen, verfügen nach den Zahlen des „Oil & Gas Journal" gerade einmal über 1,8 Prozent der Weltreserven. In Europa sieht es nicht besser aus: Nur noch 1,6 Prozent des Öls wird unter dem alten Kontinent vermutet. Der Zenit ist bereits überschritten.

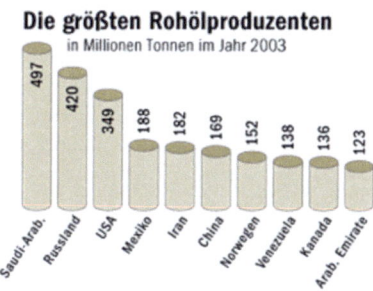

Abbildung 6: Die größten Rohölproduzenten
Quelle: Oil & Gas Journal, (2004), in: Online im Internet, URL: http://www.stern.de/wirtschaft/geld/meldungen/index.html?id=524578&q=Das%20End e%20des%20billigen%20%D6ls, Stand 08.06.2004.

Je abhängiger die größten Erdölkonsumenten vom Weltmarkt sind, desto verbissener werden sie miteinander um das knapper werdende Angebot kämpfen – und desto hilfloser sind sie dem Preismechanismus eines Angebotsmarktes ausgeliefert.[58]

Saudi-Arabien ist weder ein verlässlicher noch ein stabiler Staat. Gerade der Terroranschlag Anfang Juni 2004 bestätigt dies. Dabei ist die Gefahr für weitere Anschläge durch Fundamentalisten vor allem dort sehr groß. Einen Anschlag auf die Raffinerien oder Infrastruktur wie die Pipelines

---

[58] Vgl. Daniels, Arne, (2004), Stand 08.06.2004.

hätten katastrophale Folgen für den abhängigen Westen. Die Produktion würde auf Null zurückgefahren. Da die OPEC keine Überkapazitäten produziert, würde ein Anschlag extrem starke Auswirkungen haben.[59] Es wird nicht mehr nur mit dem Öl, sondern um das Öl gekämpft. Das „Blut der Welt" ist nicht mehr Mittel, sondern Zweck des Krieges geworden.[60] Wirklich prekär ist die Sicherheitslage, wenn es darum geht, ob es in Zukunft Kriege um das Öl gibt.

> „Denn überall, wo die Reserven liegen, stecken die Mächtigsten der Welt mit Waffengewalt oder aggressiver Diplomatie nun ihre Claims ab: am Persischen Golf, am Kaspischen Meer, sogar in Westafrika. Wenn Amerika im Irak vermeintliche westliche Freiheiten verteidigt, kämpft die Supermacht immer auch um die dortigen Quellen."[61]

„Erdöl ist zu wichtig, als dass man es den Arabern überlassen könnte", sagte schon der ehemalige US-Außenminister Henry Kissinger.[62] Auch der Ex-CIA-Stratege Kenneth Pollack betont, um was es in der Weltpolitik geht: "It's the oil, stupid!"[63]

Mit diesem etwas provokanten Ausspruch wird der Stellenwert des Öls für den Westen, speziell für die USA, deutlich. Ohne das Öl würden die Volkswirtschaften zum Erliegen kommen. Nach der IEA wird die Abhängigkeit von den OPEC-geführten Ländern noch zunehmen. Der Bedarf wird steigen und die größten Reserven liegen unter den OPEC-Staaten.

---

[59] Vgl. Birol, Faith, (2004), Stand. 28.06.2004.
[60] Vgl. Follath, Erich; Jung, Alexander, (2004), S.106.
[61] Follath, Erich; Jung, Alexander, (2004), S.108.
[62] Follath, Erich/ Jung, Alexander (2004), S.108.
[63] Ebenda, S.108.

Kapitel 3: Notwendigkeit zur Umorientierung in der Energiepolitik

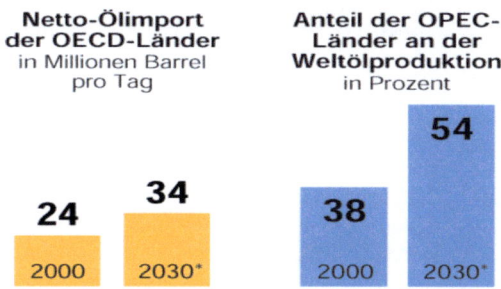

Abbildung 7: Netto-Ölimport der OECD–Ländern und Anteil der OPEC-Länder an der Weltölproduktion (* Prognose)
Quelle: Internationale Energieagentur (IEA), (2004), in: Online im Internet, URL: http://www.manager-magazin.de/unternehmen/artikel/0,2828,304425,00.html, Stand 28.06.2004.

Auffallend bei dieser Abbildung ist, dass die Abhängigkeit der westlichen Industrienationen wie der OECD vom Nahen Osten weiter ansteigt. In Zukunft werden die Vorkommen noch konzentrierter auf instabile Gebiete ausgerichtet sein.

Die ungelöste Situation im Irak beschreibt das gleiche Phänomen. Die jahrelang ungewartete Infrastruktur von den Förderanlagen bis zu den Pipelines und Raffinerien erfordert Investitionen in Milliardenhöhe. Schlimmer noch ist die Sicherheitslage: So lange Rebellen alle paar Wochen in den verschiedensten Landesteilen Leitungen in die Luft sprengen, werden sich kaum Investoren finden.[64]

Solange sich die Situation im Irak nicht beruhigt und die dort größtenteils beschädigten oder zerstörten Anlagen wieder im Normalbetrieb arbeiten können, wird sich an der Förderkapazität der OPEC wenig ändern.[65] Dies

---

[64] Vgl. Follath, Erich/ Jung, Alexander, (2004), S.109.
[65] Vgl. Schrems, Sascha, (2004).

trägt natürlich Konsequenzen, welche im nächsten Abschnitt erläutert werden.

3.4 Konsequenzen für den Verkehr

An dieser Stelle kann zusammengefasst werden, dass sowohl die Nachfrage nach Erdöl weiter ansteigen und auf der Angebotsseite in absehbarer Zeit das Fördermaximum erreicht werden wird. Immer mehr Länder wollen vom weniger werdenden Erdöl einen größeren Anteil. Die Schere klafft immer weiter auseinander. Im Verkehrssektor sieht es mit einer steigenden Nachfrage ähnlich aus. Expandierende Länder wie China benötigen für ihre steigende Anzahl an Autos immer mehr Kraftstoff, der bislang aus dem fossilen Erdöl stammt. Die Projektion der Abbildung zeigt den weiteren Verlauf des Kraftstoffverbrauchs bis zum Jahre 2020. Dabei ist auffällig, dass im Gegensatz zu heute die Entwicklungsländer (wie z.B. China und Indien) einen steigenden Anteil am Gesamtverbrauch haben werden.

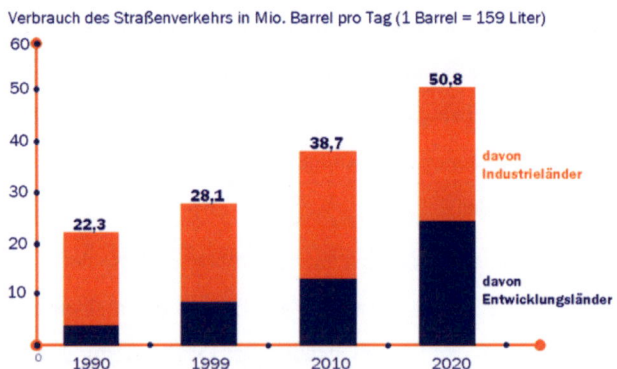

Abbildung 8: Weltweiter Kraftstoffverbrauch
Quelle: US-Energieministerium, in: Online im Internet, URL:http://www.choren.de, Stand 29.05.2003.

Kapitel 3: Notwendigkeit zur Umorientierung in der Energiepolitik

Dieses Zukunftsszenario macht deutlich, dass dieser steigende Verbrauch nur mit der Steigerung der Erdölproduktion oder mit alternativen Kraftstoffen befriedigt werden kann. Eine Alternative zum Erdöl im Verkehrssektor stellen Biokraftstoffe dar. Sie weisen gegenüber dem Erdöl eine gleichmäßigere Verteilung in der Welt auf und eliminieren somit die Gefahr von kriegerischen Konflikten. Regenerative Quellen wie z.b. Sonne oder Wind stehen allen Ländern auf der Welt zur Verfügung, es muss nicht darum gekämpft werden. Auch aus umweltwissenschaftlicher Perspektive stellen Biokraftstoffe eine Verbesserung dar. Besonders bezogen auf das Klima sind Umdenkprozesse von Nöten, denn Erdöl setzt bei der Verbrennung riesige Mengen von dem Treibhausgas Kohlendioxid (CO_2) frei.

Auch im Mobilitätsbereich wie dem Autoverkehr steckt ein enormes Potenzial, Klimagase einzusparen und die Erdölimportabhängigkeiten zu verringern. Eine 100 prozentige Versorgung mit Biokraftstoffen wird es jedoch nicht geben. Trotzdem können die Ölreserven gestreckt werden und ein deutlicher Beitrag zur Klimaentlastung geleistet werden.

Eine besonders erfolgsversprechende Alternative zu Kraftstoffen aus Erdöl kann in dem Biokraftstoff SunFuel® gesehen werden, welcher im nächsten Kapitel vorgestellt wird.

4. Der Biokraftstoff SunFuel®

SunFuel® ist ein hochwertiger Kraftstoff aus Kohlenwasserstoffen, der aus Synthesegas (H_2, CO, CO_2) per Fischer-Tropsch-Synthese hergestellt wird.[66]

Das Ziel einer Entwicklung eines Kraftstoffs dieser Art besteht darin, die Nutzung fossiler Energieressourcen durch den Einsatz regenerativ erzeugter Kraftstoffe zu ersetzen. Das schützt aktiv das Klima und schont die begrenzt vorhandenen Ressourcen.[67]

4.1 Ausgangsstoffe

Als Ausgangsstoff beim technischen Prozess dient Biomasse. „Als Biomasse wird die auf der Erde vorhandene organische Substanz in lebenden, toten oder zersetzten Organismen bzw. deren Exkrementen bezeichnet."[68] Dazu dienen eigens angebaute Gewächse, die besonders schnell gedeihen und keiner intensiven Pflege bedürfen, wie zum Beispiel Miscanthus, Pappeln, Weiden, etc. Gleichermaßen können verschiedene biogene Abfälle, wie beispielsweise Wald- und Industrieholz, Biomüll und sogar tierische Abfallprodukte u.ä. verwendet werden.[69]

Die breite Palette von Einsatzstoffen wird noch von Rest- und Sperrmüll oder Kunststoffabfällen ergänzt, die sich allesamt zu einem Dieselkraftstoff

---

[66] Vgl. O.V., Kraftstoffstrategie / SunFuel®, Volkswagen AG.
[67] Vgl. O.V., Die Kraftstoffstrategie – Antriebe und Kraftstoffe für die Zukunft, (2003), Stand 30.03.2003.
[68] O.V., Umweltlexikon, Stand 02.03.2004.
[69] Vgl. O.V., Die Kraftstoffstrategie – Antriebe und Kraftstoffe für die Zukunft, (2003), Stand 30.03.2003.

wie SunFuel® umwandeln lassen. Alle dieser unterschiedlichen Einsatzstoffe lassen sich unbedenklich verwerten.[70] Entscheidend ist, dass die Qualität des Endproduktes nicht von der Beschaffenheit der eingesetzten Primärenergie abhängig ist.[71] Das bedeutet, dass der Output nicht qualitativ von den Einsatzstoffen ist, sondern immer gleiche Hochwertigkeit zeigt.

Vorteilhaft bei der SunFuel®-Herstellung ist, dass keine Monokulturen erforderlich sind, und eine große Artenvielfalt und ganzjährige Ernte möglich ist.[72] Des Weiteren ist positiv zu bewerten, dass die ganze Pflanze energetisch genutzt werden kann. Die komplette Pflanze kann zu 100 Prozent verwertet werden, was bei anderen Biokraftstoffen nicht der Fall ist.

4.2 Das technische Verfahren

4.2.1 Die Firma Choren

Das technische Verfahren von zur Herstellung von SunFuel® hat das im sächsischen Freiberg ansässige Unternehmen Choren Industries GmbH entwickelt. Dieses Verfahren ist weltweit patentiert. Choren verfolgt den Weg des integrierten Aufbaus regenerativer Versorgungssysteme mit Technologien zum stufenweisen Ersatz fossiler Energieträger in bestehenden Verbrauchsstrukturen.[73] Dabei fokussiert sich Choren auf die kombinierte Nutzung von Biomasse und regenerativer Energie wie Wind- und

---

[70] Vgl. Bartsch, Christian, (2003), S. 44.
[71] Vgl. Steiger, Wolfgang, SunFuel® - Strategie, Basis nachhaltiger Mobilität, (2002), S. 4.
[72] Vgl. O.V., Industrie- und Handelskammer Lüneburg-Wolfsburg (2002), Stand 14.08.2003.
[73] Vgl. Choren Industries GmbH, (2004), Stand 13.05.04.

Wasserkraft, wofür neue Verfahren und Technologien zur Biomasseveredelung zur Verfügung stehen.[74] Die Choren-Technologie nutzt den natürlichen Prozess zur Reproduktion von Kohlenstoff aus Kohlendioxid durch die Fotosynthese. Die durch diesen Prozess entstehende Biomasse besteht bis zu 50 Prozent aus regenerativem Kohlenstoff. Somit kann theoretisch jede Pflanze als Kohlenstoffträger eingesetzt werden. Beim Choren-Verfahren werden vorzugsweise trockene Biomassen (Wassergehalt kleiner 35 %) verwendet.[75] Der Name Choren bringt Ziel und Vision des Unternehmens zum Ausdruck: Die chemischen Elemente C (Kohlenstoff), H (Wasserstoff) und O (Sauerstoff) sind die Kernelemente der Stoff- und Energiewirtschaft, die langfristig nur auf RENewable (erneuerbaren) Energieträgern basieren kann.[76]

4.2.2 Die Funktionsweise des Carbo-V®-Verfahrens

Im ersten Arbeitsschritt wird die Biomasse getrocknet. Holz wird besonders häufig verwendet, da es wenig Schadstoffe enthält.[77] Um den Biokraftstoff herzustellen, wird ein Verfahren angewandt, das Carbo-V®-Verfahren genannt wird.

Das unten aufgezeigte Carbo-V®-Verfahren ist ein dreistufiges Vergasungsverfahren mit den Prozessstufen (s. Abbildung 9)

- Niedertemperaturvergasung
- Hochtemperaturvergasung

---

[74] Vgl. Choren Industries GmbH, (2004), Stand 13.05.04.
[75] Vgl. Ebenda.
[76] Vgl. Choren Industries GmbH, (2003), Stand 31.03.2003.
[77] Vgl. O.V., SunFuel – Sprit aus Abfall vor der Marktreife? (2003), Stand 16.08.2003.

Kapitel 4: Der Biokraftstoff SunFuel®

- Endotherme Flugstromvergasung[78], welche im folgenden erläutert werden.[79]

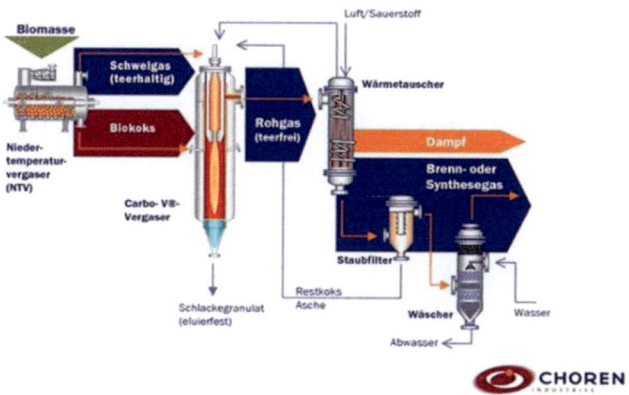

Abbildung 9: Verfahrensschema Carbo–V®
Quelle: Choren Industries GmbH, Online im Internet, URL:http://www.choren.de, Stand 13.05.2004.

Niedertemperaturvergasung

Während der ersten Stufe wird die getrocknete Biomasse in einem speziell entwickelten Niedertemperaturvergaser (NTV) karbonisiert[80]. Nach dem Muster der Jahrtausende alten Holzkohlenmeiler-Technik wird die Biomas-

---

[78] Choren Industries GmbH, (2003), Stand 31.03.2003.
[79] Anmerkung: Diese Erläuterungen richten sich an Laien und sind deshalb sehr einfach gehalten. Sie erheben keinen Anspruch auf Detailgenauigkeit.
[80] Karbonisieren heißt: allg. verkohlen, die Umwandlung in Kohlenstoff.

se dann durch partielle Oxidation[81] (Verschwelung) mit Luft oder Sauerstoff bei Temperaturen zwischen 400 °C und 600 °C in Biokoks und Schwelgas zerlegt.[82]

Hochtemperaturvergasung

In der zweiten Stufe wird das teerhaltige Schwelgas in der Brennkammer des Carbo-V®-Vergasers bei 1.300 °C bis 1.500 °C oberhalb der Ascheschmelztemperatur mit Luft und/oder Sauerstoff unterstöchiometrisch[83] verbrannt. Bei diesen Temperaturen werden alle langkettigen Kohlenwasserstoffe und damit außerdem die Teere vollständig in Kohlenmonoxid (CO), Wasserstoff (H_2), Kohlendioxid (CO_2) und Wasserdampf umgewandelt.[84]

Endotherme Flugstromvergasung

In der dritten Stufe wird der Biokoks aus dem NTV in den Carbo-V®-Reaktor unterhalb der Brennkammer eingeblasen und reagiert dort mit dem Gas aus der Brennkammer. Dabei sinkt die Temperatur durch endotherme[85] Reaktionen in Sekunden von mehr als 1.300 °C auf ca. 800 °C.[86]

Das Ergebnis des Carbo-V®-Verfahrens ist ein teerfreies Synthesegas, welches nun durch die Fischer-Tropsch-Synthese in einen flüssigen Kraft-

---

[81] Oxidation heißt: Reaktion von Sauerstoff mit anderen Elementen oder Verbindungen, z.B. die Verbrennung.
[82] Vgl. Choren Industries GmbH, (2003), Stand 31.03.2003.
[83] entsprechend den in der Chemie geltenden quantitativen Gesetzen reagierend.
[84] Vgl. Choren Industries GmbH, (2003), Stand 31.03.2003.
[85] unter Wärmeaufnahme verlaufend; Gegenteil: exotherm.
[86] Vgl. Choren Industries GmbH, (2003), Stand 31.03.2003.

stoff, hier Diesel, umgewandelt wird. Die Fischer-Tropsch-Synthese ist ein sehr altes Verfahren, wird aber immer noch heutzutage zur Kraftstoffsynthese verwendet. Es wurde im Jahre 1925 von den deutschen Chemikern Franz Fischer und Hans Tropsch entwickelt. Das Synthesegas wird mit Hilfe von Katalysatoren[87] bei einem Druck von 25 bar und einer Temperatur von 250° C in flüssige Kohlenwasserstoffe umgeformt.[88]

Die flüssigen Kohlenwasserstoffe dienen dann als Vorlage für den herzustellenden flüssigen Dieselkraftstoff.

4.3 Der Stand der Technik

Die Entwicklung des Verfahrens begann 1994. Zum gegenwärtigen Zeitpunkt befindet sich SunFuel® immer noch in der Entwicklungsphase. Die im sächsischen Freiberg von Choren betriebene Anlage existiert noch im Pilotmaßstab. Das Carbo-V®-Verfahren wurde erfolgreich über einen Zeitraum von 3 Jahren für unterschiedliche Einsatzstoffe mit insgesamt 5.000 Betriebsstunden erprobt.[89] In den Jahren 2000 und 2001 erfolgten öffentliche Demonstrationsfahrten, bei denen naturbelassenes Holz, geschredderte Bahnschwellen, Trockenstabilat aus der Müllaufbereitung und Kohle in der Pilotanlage eingesetzt wurden. Die Konfiguration der Anlage erlaubte es, den Versuchsbetrieb übergangslos von einem Einsatzstoff auf einen anderen umzuschalten. Damit konnte eindrucksvoll demonstriert werden, dass das Carbo-V®-Verfahren die Möglichkeit bietet, eine breite Basis an

---

[87] Katalysatoren beschleunigen eine chemische Reaktion, ohne selbst aufgebraucht zu werden.
[88] Vgl. O.V., SunFuel – Eine Initiative der Volkswagen-Forschung, (2003), S.4.
[89] Vgl. Choren Industries GmbH, (2003), Stand 31.03.2003.

Einsatzstoffen mit dem gleichen Anlagenkonzept zu verarbeiten.[90] Durch den Einsatz von regenerativ eingesetztem Wasserstoff ließe sich der Output verdoppeln. Dies will der Geschäftsführer von Choren mit Hilfe von Windrädern und Solartechnik erreichen.

Den Automobilkonzernen Volkswagen und Daimler Chrysler wurde 2003 zu Testzwecken jeweils 12.000 Liter des Sundiesels, wie er bei Choren genannt wird, geliefert. Damit begann die unmittelbare Erprobung an den Fahrzeugen und Motoren.

Den Namen SunFuel® hat sich Volkswagen werbewirksam schützen lassen, Daimler Chrysler nennt diesen Sprit BioTrol, eine Kombination aus „Bio" für „Biomass" und „Trol" für „Petrol". Nach Choren-Angaben ist für das Jahr 2006 eine größere Anlage mit einem Volumen von 20.000 Tonnen Diesel pro Jahr geplant.[91]

2008 soll der Startschuss für eine erheblich größere Anlage fallen. Von 2006 bis 2007 soll diese geplant werden. Wenn alle Genehmigungen und Konzeptionen abgeschlossen sind, beginnt der Bau der Anlage 2008 mit einem Produktionsvolumen von 100.000 Tonnen pro Jahr. Zur eigentlichen Markteinführung von SunFuel® dauert es nach Angaben von Choren, Volkswagen und der Bundesregierung noch ca. bis 2010. Die Kosten der großen Anlage beziffern sich auf gigantische 250.000.000 Euro.

Laut Choren steht das Finanzierungskonzept bereits, u.a. mit Hilfe von Pensionsfonds und einem regen Interesse von Industrieseite her, die die nötigen Investitionen leisten wollen.[92]

---

[90] Vgl. Ebenda.
[91] Vogels, Jochen, Choren, Telefoninterview am 25.05.04.
[92] Vgl. Vogels, Jochen, Telefoninterview am 25.05.04.

Kapitel 4: Der Biokraftstoff SunFuel®

4.4 Vorteile von SunFuel®

SunFuel® birgt aufgrund seiner Herstellung und Eigenschaften zahlreiche Vorteile, die im nächsten Abschnitt erläutert werden.

4.4.1 CO_2 - neutral und umweltschonend

Durch seine Schwefel- und Aromatenfreiheit bringt SunFuel® bei Einsatz im Feld deutliche Schadstoffreduzierungen, speziell bei den Partikelemissionen.[93] Bei Versuchen in einer Vielzahl von Dieselmotoren zeigte SunFuel® hervorragende Eigenschaften. So sanken die Schadstoffe im Abgas auch älterer Diesel ohne Änderungen an den Motoren bei der Verwendung dieses Kraftstoffs erheblich, bei Partikeln zum Beispiel um 40 Prozent, bei Kohlenmonoxid um 95 Prozent.[94]

Vorteilhaft ist ebenfalls die Tatsache, dass man mit SunFuel® die Abgasgrenzwerte der EURO-3 problemlos unterschreiten kann und somit die Stufe EURO-4 erreicht. Dies gelingt ohne aufwendiges und kostenintensives Umrüsten der Motoren. Man kann diesen Kraftstoff ohne Änderungen pur tanken. Gerade in Hinsicht darauf, dass die Lebensdauer der Autos immer länger wird, kann man vor allem bei älteren Dieseln eine größere Emissionsersparnis erreichen. Die CO_2-Emission von SunFuel® ist erheblich umweltverträglicher als bei herkömmlichen Kraftstoffen. Kohlendioxid, das bei einem mit SunFuel® betriebenen Auto entsteht, wurde zuvor beim Wuchs der energieliefernden Pflanze der Atmosphäre entzogen.[95] Beim Antrieb mit SunFuel® emittiert das Fahrzeug nicht mehr CO_2, als vorher

---

[93] Vgl. O.V., Kraftstoffstrategie / SunFuel®, Volkswagen AG.
[94] Vgl. O.V., SunFuel – Eine Initiative der Volkswagen-Forschung, (2003), S.6.
[95] O.V., Volkswagen AG, Die Basis nachhaltiger Mobilität, (2004), Stand 17.06.2004.

Kapitel 4: Der Biokraftstoff SunFuel®

beim Pflanzenwachstum der Atmosphäre entzogen wurde. So wird das Auto in den natürlichen CO_2 – Kreislauf der Erde miteinbezogen (s. Abbildung 10).[96]

Sonnenenergie lässt die Pflanzen wachsen, die später zu SunFuel® verarbeitet werden. Die Sonne ist sozusagen der Initiator des Kreislaufs aus dem SunFuel® entsteht. Deshalb kreierte Volkswagen den Namen SunFuel®.

Der Kohlendioxid-neutrale Kreislauf soll an zwei Abbildungen verdeutlicht werden.

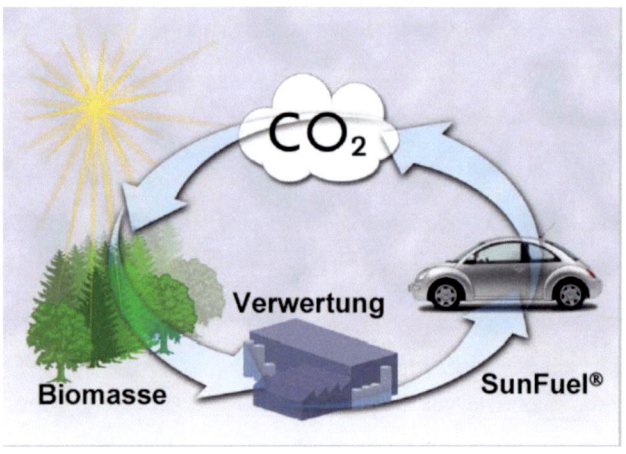

Abbildung 10: CO_2–Kreislauf mit SunFuel®
Quelle: Nannen, Henning; Projektleiter SunFuel®, Volkswagen AG.

---

[96] O.V., SunFuel – Eine Initiative der Volkswagen-Forschung, (2003), S.2.

Kapitel 4: Der Biokraftstoff SunFuel®

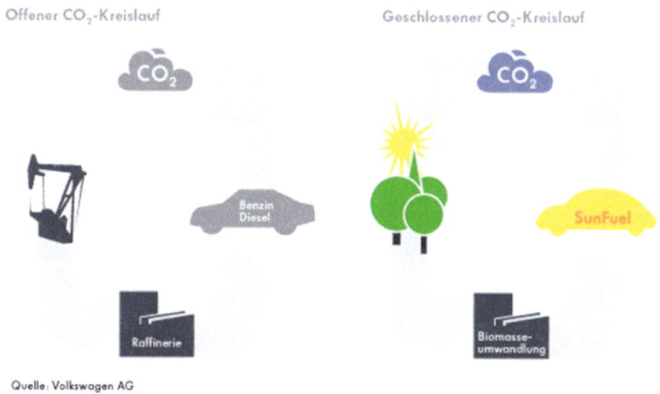

Abbildung 11: Offener und geschlossener CO_2 –Kreislauf
Quelle: Volkswagen AG, Online im Internet, URL: http://www.sunfuel.de, Stand 17.06.2004.

Die Abbildung 11 verdeutlicht den Unterschied der Wirkung von SunFuel® und Erdöl als Kraftstoff. Im offenen CO_2-Kreislauf sieht man, dass nur CO_2 emittiert wird und nicht wieder aufgenommen wird. Der geschlossene Kreislauf ist ein neutraler Kreislauf, bei dem das emittierte CO_2 direkt von den Pflanzen wieder aufgenommen wird und so nicht die Umwelt belastet.

4.4.2 Die Eigenschaft als Designerkraftstoff

Bei SunFuel® handelt es sich um einen Designerkraftstoff. Dies bedeutet, dass dem Kraftstoff ganz bestimmte Eigenschaften verliehen werden können. Die Designerkraftstoffe werden in Zukunft als konstruktives Element bei der Motorenentwicklung eingesetzt. Neue Brennverfahren, die den

Verbrauch und die Emissionen nochmals deutlich reduzieren, werden dadurch ermöglicht.[97]

Daneben setzt Volkswagen auf das CCS[98] – Brennverfahren, welches langfristig den Ersatz der heutigen Diesel- und Ottomotorischen Verfahren ermöglicht.[99] Durch die Einführung der direkten Benzineinspritzung beim Ottomotor nähert dieser sich dem Dieselmotor an. Wolfgang Steiger[100] ist der Überzeugung, dass Otto- und Dieselmotor eines nicht zu fernen Tages zusammen eine neue Motorengattung bilden werden, die SunFuel® verbrennt.[101] Dabei sollen die jeweiligen Vorteile der Motorengattung kombiniert werden und ein optimales Brennverfahren erreicht werden. Der Ottomotor stößt weniger Emissionen aus, der Diesel ist im Verbrauch ärmer. Darauf lassen sich speziell zugeschnittene Kraftstoffe wie ein Designerkraftstoff SunFuel® anwenden, um das Potenzial zu erhöhen. In der unteren Abbildung ist das CCS-Verfahren noch einmal verdeutlicht.

---

[97] Vgl. O.V., Volkswagen AG, Die Basis nachhaltiger Mobilität, (2004), Stand 17.06.2004.
[98] Combined Combustion System
[99] Vgl. Steiger, Wolfgang (2003), S.10.
[100] Dr. Wolfgang Steiger ist Leiter Energieumwandlung bei der Volkswagen AG, Konzern-Forschung.
[101] Vgl. Bartsch, Christian (2003), S.44.

Kapitel 4: Der Biokraftstoff SunFuel®

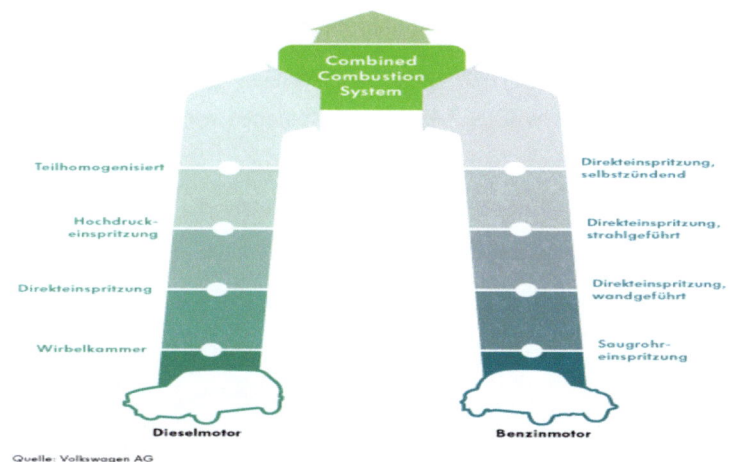

Abbildung 12: CCS

Quelle: Volkswagen AG, Online im Internet, URL:http://www.sunfuel.de, Stand 17.06.2004.

4.4.3 Unbegrenztes Biomassepotenzial

Entscheidende Vorteile hat SunFuel® aufgrund der Biomasse als Ausgangsstoff. Zum einen ist Biomasse inländisch betrachtet in großem Umfang vorhanden. Allein die zur Zeit von der EU subventionierten stillgelegten Ackerflächen (1,1 Millionen Hektar) haben ein Potenzial, um 40 bis 50 Prozent des bundesdeutschen Pkw-Dieselbedarfs zu decken.[102] Wagt man einen Blick außerhalb der deutschen Grenzen, so wird deutlich, dass weltweit die Biomasse relativ gleichmäßig anfällt. Bei Erdöl liegt dies anders. Zwei Drittel stammt aus politisch instabilen Regionen, wie z.B. dem Iran, Irak und Saudi-Arabien.[103] Durch dieses zahlreiche Vorkommen könnte ein Markt entstehen, der Biomasse als Handelsware beinhaltet. Durch Ver-

---

[102] Vgl. Volkswagen AG, Stand 07.05.2003.
[103] Gammelin, Cerstin, Vorholz, Fritz, (2002), Stand 30.03.2003.

kauf der Technologie ins Ausland gäbe es auch Chancen, durch eine Technologieführerschaft zu neuen Einkommensquellen zu kommen. Weltweit könnten sonst benachteiligte Länder und Regionen wie z.B. Afrika an einem Biomasse-Markt teilhaben und dann profitieren. Die folgenden Abbildungen zeigen den Unterschied deutlich zwischen der gleichmäßig vorkommenden Biomasse und den wenigen Förderländern von Erdöl.

Abbildung 13: Biomassevorkommen weltweit
Quelle: Volkswagen AG, Online im Internet, URL: http://www.sunfuel.de, Stand 30.03.2003.

Kapitel 4: Der Biokraftstoff SunFuel®

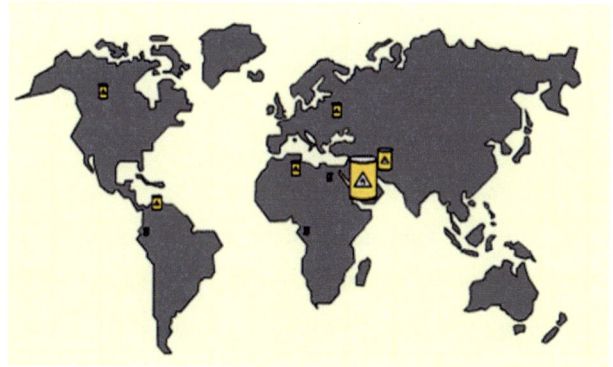

Abbildung 14: Erdölvorkommen weltweit
Quelle: Volkswagen AG, , Online im Internet, URL: http://www.sunfuel.de, Stand 30.03.2003.

Der Bau und Betrieb der Syntheseanlagen könnte eine Vielzahl neuer Arbeitsplätze schaffen. Die Biomasse-Förderung würde der Landwirtschaft neue Impulse geben.[104] Die ländlichen Räume könnten durch Beschäftigungs- und Investitionseffekte und der resultierenden Konjunkturbelebung neue Einkommensmöglichkeiten gewinnen.[105] Positiver Nebeneffekt ist eine auch erhöhte Nachfrage nach Arbeitern und ein steigendes Steueraufkommen in dieser Region.[106] Für die Landwirte ist die Biomasse-Herstellung bzw. der -Verkauf ein lohnendes Geschäft: für eine Tonne Biomasse erhalten sie 50 Euro.[107] In Deutschland fallen jährlich 80 Millionen Tonnen biogene Abfälle und Reststoffe aus der Land- und Forstwirt-

---

[104] Vgl. O.V., SunFuel – Eine Initiative der Volkswagen-Forschung, (2003), S.7.
[105] Vgl. O.V., Der Biomasse gehört die energetische Zukunft, (2004), Stand 02.03.2004.
[106] Vgl. Schneck, Klaus (2002), Stand 31.03.03.
[107] Telefoninterview mit Herrn Nannen am 15.08.2003.

schaft an, die für die Biokraftstofferzeugung genutzt werden könnten.[108] Dieses wäre nicht nur eine Quelle für SunFuel®, sondern würde auch eine zusätzliche Entsorgung dieser Abfälle überflüssig machen

Der Bundesverband Erneuerbare Energien hält es für möglich, den gesamten Treibstoffbedarf in Deutschland mit Biomasse zu decken. DaimlerChrysler schätzt die Potenziale von Biokraftstoffen in Europa auf 40 Prozent des gesamten Kraftstoffverbrauchs. Durch effizientere Verfahrenstechniken, innovative Anbautechniken wie z.b. Mischfruchtanbau und energieeffizientere Fahrzeuge lässt sich der Anteil selbst bis zur vollständigen Deckung des Mineralölbedarfs steigern.[109] Volkswagen schätzt das technisch umsetzbare Potenzial von SunFuel® im heutigen Europa – ohne Einschränkung der Nahrungsmittelproduktion – nach einer Studie des Instituts für Energie und Umwelt (2004) bei 70 Millionen Tonnen Kraftstoff ein. Das würde für etwa ein Drittel des gesamten Kraftstoffbedarfs für Diesel- und Benzinfahrzeuge der 15 EU-Staaten des Jahres 2000 ausreichen.[110]

Biogene Kraftstoffe sind außerdem eine große Chance für den Klimaschutz. Ihre Energiebilanz ist positiv, selbst wenn Pflanzen eigens dafür angebaut werden müssen. Mit den Energiepflanzen wächst die Vielfalt auf den Feldern und es ergeben sich ganz neue Perspektiven wie z.B. der kollektive Anbau verschiedener Pflanzen. Dadurch wird die Unkrautbekämpfung überflüssig. Da die meisten Energiepflanzen nicht ausreifen müssen, kann auch auf eine Schädlingsbekämpfung verzichtet werden.[111]

---

[108] Vgl. O.V., Biokraftstoffe – Ein neuer Wirtschaftszweig entsteht (2004), Stand 10.05.2004.

[109] Vgl. Fell, Hans-Josef, Kraftstoffe aus Biomasse – Alternative der Gegenwart mit Zukunft, (2003), Stand 02.03.2004.

[110] Vgl. O.V., Volkswagen AG, Die Basis nachhaltiger Mobilität, (2004).

[111] Vgl. Fell, Hans-Josef, Kraftstoffe aus Biomasse – Alternative der Gegenwart mit Zukunft, (2003), Stand 02.03.2004.

Kapitel 4: Der Biokraftstoff SunFuel®

Eine Konkurrenz zu Nahrungsmittelpflanzen ist jedoch nicht zu befürchten, da Energiepflanzen z.b. als Vorfrucht oder in Mischungen angebaut werden. Außerdem stehen Hölzer und Biomassereste in großer Zahl zur Verfügung. In sehr trockenen Ländern können durch Energiepflanzen sogar Gebiete für die Landwirtschaft gewonnen werden, die für den Anbau von Nahrungsmittelpflanzen zu trocken sind.[112] Besonders ressourcenarmen, aber agrarisch strukturierten Ländern kann mit Biomasse eine Möglichkeit für neue Produktionszweige geboten werden.[113] Damit bieten sich insbesondere für die deutschen und die mittel- und osteuropäischen EU-Bauern, aber auch anderen Ländern auf der Welt, neue Chancen außerhalb der Nahrungsmittelmärkte. Die Erzeugung großer Mengen biogener Treibstoffe ist eine Alternative zum Anhäufen von Butter- und Getreidebergen, die keine Verwendung finden.[114]

4.5 Nachteile von SunFuel®

Trotz allem birgt SunFuel® auch Nachteile. Diese beruhen z.Z. hauptsächlich auf finanziellen und logistischen Problemen, die mit mehr Unterstützung von stattlicher und industrieller Seite gelöst werden könnten.

4.5.1 Kosten

Die momentanen Herstellkosten von SunFuel® liegen laut Herrn Vogels, Business Development Manager bei Choren Industries GmbH, bei 60 bis 65 EuroCents.[115] Somit ist der Sonnensprit zwar teurer als herkömmlicher

---

[112] Vgl. ebenda.
[113] Vgl. ebenda.
[114] Vgl. Fell, Hans-Josef, Kraftstoffe aus Biomasse – Alternative der Gegenwart mit Zukunft, (2003), Stand 02.03.2004.
[115] Vogels, Jochen, Telefoninterview am 25.05.04.

fossiler Diesel, jedoch hat die Bundesregierung die Biokraftstoffe bis 2009 von der Mineralölsteuer befreit, wodurch SunFuel® konkurrenzfähig geworden ist. Ob die Fiskalpolitik nun eine längerfristige Befreiung plant wie z.B. bei Erdgas (welches bis 2020 befreit ist), ist bis zum heutigen Zeitpunkt nicht klar. Dieses Problem wird im letzten Kapitel intensiver erläutert.

Bei der voraussichtlichen Markteinführung 2010 steht also noch nicht fest, ob und mit wie viel Steuerersparnis SunFuel® an den Markt kommen wird. Mit steigendem Marktvolumen sind economies of scale zu erwarten.[116] Bei diesen Skaleneffekten wird durch steigendes Know-How, Synergieeffekten und Effizienzsteigerungen der Output erhöht und die Kosten gesenkt. Insofern können bei steigender Nachfrage am Markt die Kosten gedrückt werden und dadurch wieder auf die Konsumenten umgelegt wird sowie ein steigendes Steueraufkommen kompensiert werden.

4.5.2 Transportproblem

Mit der Förderung der Biomasse und deren Transport könnte sich ein weiteres Problem ergeben. Da die Biomasse dezentral, also überall überwiegend gleichmäßig vorhanden ist, ist der Energieaufwand immens groß, wenn man die Biomasse zu zentralen Anlagen transportieren würde. Der Kostenaufwand sowie die Umweltbelastung durch zu viele Lkws, die die Biomasse transportieren, wäre unverhältnismäßig. Es würde mehr Energie durch den Transport verbraucht als durch die eigentliche Kraftstoffherstellung eingespart werden soll. Eine Absatzmöglichkeit, sich dem Dezentralitäts–Zentralitäts-Problem zu entziehen, besteht darin, die erste Stufe des Carbo-V®-Verfahrens, die Niedertemperaturvergasung (NTV), in dezen-

---

[116] Vgl. ebenda.

tralen Anlagen zu durchzuführen. Dadurch könnte die Biomasse in einem ersten Schritt zu Biokoks verarbeitet werden. Durch neue Techniken kann dann laut Herrn Nannen der pulverisierte Biokoks in Pyrolyse-Öle[117] umgewandelt werden. Durch die Pyrolyse-Öle resultiert eine wesentlich höhere Energiedichte, wodurch die Biomasse dann in komprimierter Form, gasförmig oder flüssig, zu wesentlich größeren Mengen transportiert werden kann.[118] Ebenfalls kann eine Kohlenstaubexplosion vom Biokoks damit vermieden werden. Die folgende Abbildung verdeutlicht dieses Verfahren grafisch.

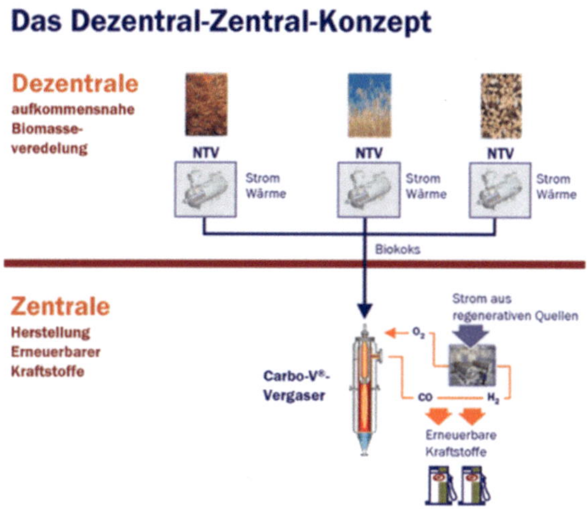

Abbildung 15: Das Dezentral-Zentral-Konzept

---

[117] Als Pyrolyse bezeichnet man die Zersetzung von festen oder flüssigen Stoffen bei hohen Temperaturen (400-700°C).
[118] Lüke, Wolfgang, Telefoninterview am 14.05.2004.

Kapitel 4: Der Biokraftstoff SunFuel®

Quelle: Choren Industries GmbH, Online im Internet, URL:http://www.choren.de, Stand 29.05.2004.

5. Vorstellung von alternativen Kraftstoffen und Vergleich mit SunFuel®

Dieses Kapitel behandelt den Markt von Biokraftstoffen sowie andere Konkurrenzprodukte, mit denen sich SunFuel® ab der Markteinführung messen muss bzw. wo der Kampf um Marktanteile beginnt. Die Biokraftstoffe Biodiesel und Ethanol, sowie andere alternative, aber nicht biogene Kraftstoffe werden vorgestellt. Die eher komplizierten Herstellungsverfahren sollen hier nur kurz erläutert werden. Zum Ende werden die hier dargestellten Kraftstoffarten mit SunFuel® verglichen.

5.1 Biodiesel

Biodiesel ist ein alternativer Kraftstoff, den es bereits auf dem Markt gibt. Der Herstellungsprozess wird auch als „Umesterung" bezeichnet. Dazu wird zum Rapsöl, welches durch Rapspflanzen gewonnen wird, wird etwa 10 Prozent Methylalkohol hinzugegeben.

Mit Hilfe eines Katalysators (z.B. Kalilauge) wird der Prozess bei geringem Energieaufwand beschleunigt. Das bei dem Prozess anfallende überschüssige Methanol wird mittels einer Destillation entfernt und dem Kreislauf wieder zugeführt. Alle Nebenprodukte, die bei der Herstellung von Biodiesel entstehen, können weiter verwertet werden, z.B. als Futtermittel.[119]

Am Ende der Verfahrenskette steht das Hauptprodukt Biodiesel. Der Umesterungsprozess bewirkt, dass der gewonnene Alternativkraftstoff die gleiche Viskosität (Fließneigung) besitzt wie herkömmlicher Dieselkraft-

---

[119] Vgl. O.V., Was ist Biodiesel? (2004), Stand 05.07.2004.

stoff. Hierdurch erfüllt Biodiesel die Voraussetzung bzw. Anforderung, in modernen Dieselmotoren eingesetzt werden zu können. Die Umesterung hat bei sorgfältiger Prozessführung gleichzeitig die Produktion eines normgerechten Kraftstoffes zum Ergebnis. [120]

Der Name Biodiesel ist mittlerweile populär geworden. Aus technischer Sicht müsste er jedoch Rapsmethylester (RME) genannt werden, wie es Experten tun.[121]

Ein Nachteil von Biodiesel ist, dass es nicht uneingeschränkt von jedem Fahrzeug getankt werden kann. Jedes Fahrzeug, das vom Hersteller für Biodiesel freigegeben ist, kann Biodiesel tanken. Ist diese Freigabe nicht vorhanden, sollte auf Biodiesel verzichtet werden, weil es wie ein leichtes Lösungsmittel wirken kann und dann Verschleißteile angreift.[122] Biodiesel stellt daher einen relativ aggressiver Kraftstoff dar, der Dichtungsmaterial und Schläuche angreifen kann. Deshalb erteilen die Fahrzeughersteller nur einigen Fahrzeugen die Freigabe, Biodiesel tanken zu können. Die Umrüstkosten sind aber gering.[123]

Zurzeit erlebt Biodiesel einen Anstieg der Absatzzahlen. Die Abbildung 16 zeigt einen kontinuierlichen Anstieg seit 1991. Besonders seit dem Jahr 2000 sind die Absatzzahlen sprunghaft angestiegen.

---

[120] Vgl. ebenda, Stand 05.07.2004.
[121] Der Name Biodiesel wird an dieser Stelle weiter verwendet.
[122] Vgl. Seega, Ulrich, (2003), Stand 05.07.2004.
[123] Vgl. Drehscheibe Deutschland, ZDF, 01.06.2004.

Kapitel 5: Vorstellung von alternativen Kraftstoffen und Vergleich mit SunFuel®

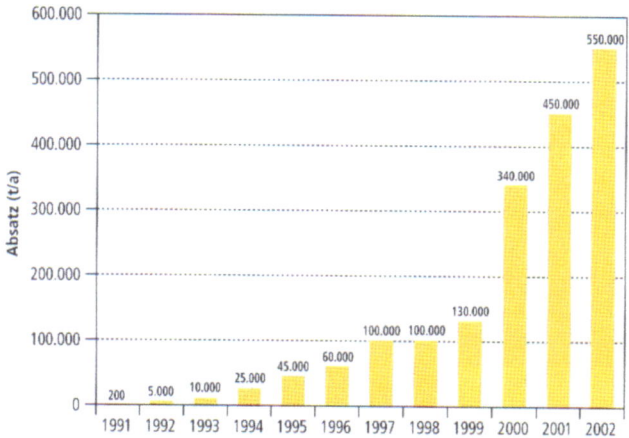

Abbildung 16: Biodiesel-Absatz in Deutschland
Quelle: Bockey, Dieter, Der Biodieselmarkt wächst – aber auch die Herausforderungen, in: Wachstumsmarkt Biodiesel 2003, (Hrsg. UFOP), (k.A.)

Bis zum heutigen Zeitpunkt gibt es etwa 1.600 Tankstellen, die Biodiesel anbieten.

Biodiesel weist einige Vorteile auf. Zum Beispiel gibt Biodiesel, ähnlich wie bei SunFuel®, weitestgehend nur so viel CO_2 ab, wie die Pflanze beim Wachstum aufgenommen hat.[124] Biodiesel enthält keinen Schwefel, trägt somit nicht zum Sauren Regen, zum Waldsterben und zu Schäden an Baudenkmälern bei.[125] Vorteilhaft ist vor allem, dass Biodiesel billiger als fossiler Dieselkraftstoff ist. 10 bis 15 Cents pro Liter liegt Biodiesel unter dem Mineralöldieselpreis.[126]

---

[124] Vgl. O.V., Biodiesel, ADM-Oelmühle Hamburg AG, ADM-Oelmühle Leer Connemann GmbH & Co. KG, Stand Juli 2003.

[125] Vgl. Ebenda.

[126] Vgl. Burchard, Hans J. von der, in W wie Wissen, ARD, (2004).

Nachteilig an Biodiesel ist ein leicht erhöhter Verbrauch sowie eine verminderte Leistung von bis zu 5 Prozent, was man beim Fahren allerdings kaum spürt.[127] Ein weiterer Minuspunkt ist, dass nicht alle Fahrzeuge für Biodiesel geeignet sind bzw. umgerüstet werden müssten.

Schätzungsweise 2,5 bis 3 Millionen für Biodiesel freigegebene Fahrzeuge bilden das „Kundenpotenzial" für die Biodieselwirtschaft. Die Biodieselwirtschaft ist auch in Zukunft sehr daran interessiert, dass Freigaben erteilt und die technischen Voraussetzungen für Biodiesel geschaffen werden. Allerdings stößt die reine Biodieselnutzung im Pkw-Bereich an chemisch/physikalische Grenzen, d.h., Biodiesel hat aufgrund seiner Unveränderlichkeit kein Entwicklungs- bzw. Verbesserungspotenzial. Es ist erklärtes Ziel der Autoindustrie, die emissionsrechtlichen Anforderungen der Abgasstufe EURO-4 ohne ein Abgasnachbehandlungssystem (Partikelfilter) zu erfüllen. Dafür muss der Verbrennungsverlauf von Biodiesel mit Dieselkraftstoff optimiert werden.[128] Trotz der steigenden Verkaufszahlen besitzt Biodiesel jedoch nur ein sehr geringes Potenzial von ca. 5 Prozent am deutschen Dieselbedarf.

5.2 Bioethanol

Bioethanol ist ein weiterer Biokraftstoff. Den Kraftstoff Ethanol gewinnt man aus Zuckerrüben und Getreide. Für die Herstellung von Zuckerrohrsaft aus Zuckerrüben wird weitestgehend auf die konventionellen Verfahren zur Produktion von Zucker zurückgegriffen. Die Zuckerrüben werden zunächst gereinigt. Um einen möglichst hohen Aufschluss der Zellen und damit eine hohe Zuckerausbeute zu erhalten, erfolgt ein kombinierter mechanischer

---

[127] Vgl. Seega, Ulrich, (2003), Stand 05.07.2004.
[128] Vgl. O.V., Nachwachsende Energien, (2003), S.14.

und thermischer Aufschluss. Als Produkte der nun folgenden Extraktion erhält man die ausgepressten Rübenschnitzel und den Rohsaft. Die extrahierten Schnitzel werden dann entwässert. Dabei entstehen Pressschnitzel und Trockenschnitzel. Das abgepresste Wasser wird dem Extraktionsprozess zugeführt. Der Rohsaft enthält etwa 17 Prozent Feststoffe, darunter mehr als 90 Prozent Saccharose.[129] Um die letzten Fremdstoffe zu eliminieren, wird ein Säuberungsverfahren eingesetzt. Der Zuckersaft wird unter Zusatz von Hefen vergoren. Im Anschluss daran wird in einem mehrstufigen Konzentrationsprozess der Alkohol angereichert. Als Produkt der letzten Stufe (Rektifikation) entsteht der ca. 96-prozentige Alkohol, welcher Ethanol ist.[130] Ethanol ist in der Regel günstiger als der konventionelle Kraftstoff Benzin. Es gibt aber Preisunterschiede bei den eingesetzten Pflanzen, die sich wiederum auf die Kosten zur Herstellung von Bioethanol auswirken. Bei Mais und speziell bei Zuckerrüben begrenzen die hohen Marktpreise für Rohstoffe die möglichen Renditen.[131] Ebenfalls ist Ethanol CO_2–neutral, was einen Vorteil zu fossilem Benzin darstellt. Die beste Ausbeute beim Ethanol hat Roggen, gefolgt von Weizen, Mais und Zuckerrüben.[132]

Bioethanol wird kein unmittelbarer Konkurrent für SunFuel®. Bioethanol ist nämlich ein Kraftstoff für Ottomotoren, und nicht für Diesel. SunFuel® könnte zwar theoretisch nach Angaben von Choren auch zu Benzin oder Kerosin (Benzin für Flugzeuge) synthetisiert werden, jedoch will der Markt Diesel.[133] Die folgende Abbildung verdeutlicht, dass der Diesel-Anteil der

---

[129] Vgl. Igelspacher, Roman/ Wagner, Ulrich, (2004), S.226f.
[130] Vgl. Igelspacher, Roman/ Wagner, Ulrich, (2004), S.227.
[131] Vgl. ebenda, S. 230.
[132] Vgl. ebenda, S.231.
[133] Lüke, Wolfgang, Telefoninterview am 14.05.2004.

Kapitel 5: Vorstellung von alternativen Kraftstoffen und Vergleich mit SunFuel®

neu zugelassenen Fahrzeuge in Deutschland immer größer wird, mittlerweile schon 39,9 Prozent.

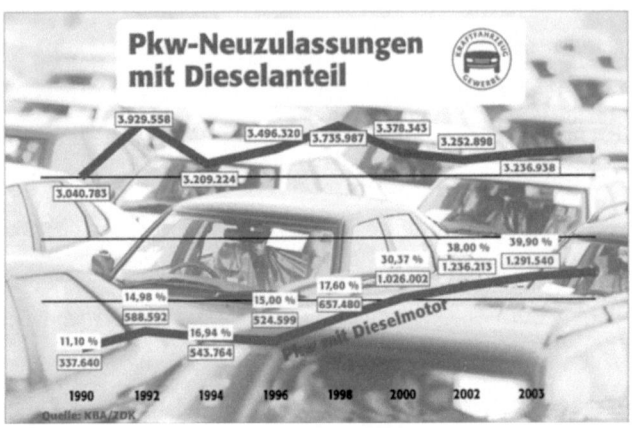

Abbildung 17: Pkw-Neuzulassungen mit Dieselanteil
Quelle: KBA/ZDK, in: Online im Internet, URL:
http://www.kfzgewerbe.de/verband/zahlen/zahlen_20040227130718.html, Stand 15.07.2004

5.3 Erdgas

Erdgas ist kein Biokraftstoff, sondern gehört zu den fossilen Brennstoffen. Wie in Kapitel 3 erläutert, werden fossile Brennstoffe nicht unendlich lange verfügbar sein. Somit ist Erdgas nicht bei Bio- oder regenerativen Kraftstoffen einzuordnen. Die Expertenstimmen mehren sich, dass dem Erdgas eine immer wichtigere Rolle zufallen wird. Im Gegensatz zu Erdöl halten die Reserven von Erdgas länger und sind momentan auch wesentlich billiger. Die Erdgasvorkommen sind ebenfalls nicht so stark auf den Nahen Osten konzentriert wie das Erdöl. Betrachtet man die Erdgasversorgung in Deutschland (s. Abbildung 18), so kann man sehen, dass sie weniger von

Kapitel 5: Vorstellung von alternativen Kraftstoffen und Vergleich mit SunFuel®

politisch instabilen Ländern (s. Kapitel 3) abhängig ist.

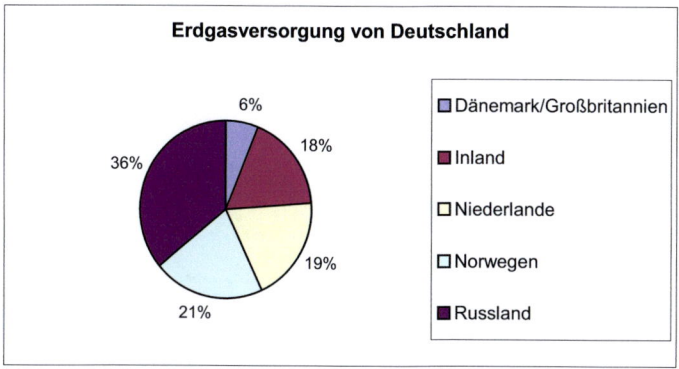

Abbildung 18: Erdgasversorgung von Deutschland
Quelle: In Anlehnung an Grafik aus: Online im Internet, URL: http://www.erdgasinfo.de/c_i_6112a.gif, Stand 29.06.2004

Kapitel 5: Vorstellung von alternativen Kraftstoffen und Vergleich mit SunFuel®

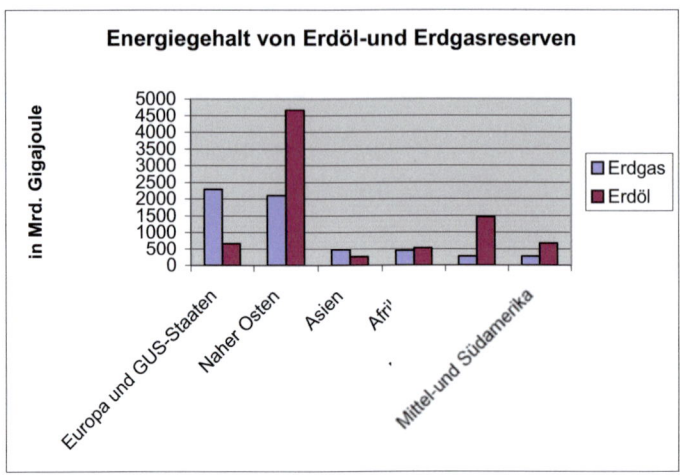

Abbildung 19: Energiegehalt von Erdöl- und Erdgasreserven
Quelle: In Anlehnung an Oil & Gas Journal (2003), in: DER SPIEGEL, Nr. 24, (2004), S.140.

Die Abbildung 19 zeigt einen Vergleich zwischen Erdöl- und Erdgasvorkommen. Deutlich wird hier, dass Erdöl zu wesentlichen Teilen aus dem Nahen Osten kommt. Bei Erdgas liegen die Reserven zu großen Teilen auch in Europa.

An dieser Stelle soll unterschieden werden zwischen Erdgas, welches in speziellen Tanks in das Auto gefüllt wird und einer neueren Variante, ein synthetischer Kraftstoff entwickelt von Shell, dem sogenannten Gas-to-Liquids (GTL).

Erdgas ist der sauberste fossile Brennstoff, weil es mehr Wasserstoff und weniger Kohlenstoff enthält als Erdöl. Bei seiner Verbrennung werden 20 Prozent weniger Kohlendioxid und auch weniger andere Umweltgifte freigesetzt als beim Verbrennen von Benzin.[134] Erdgas ist außerdem extrem billig. Für ca. 12 Euro kann man einen Tank komplett füllen. Das entspricht umgerechnet einem Literpreis von ca. 50 Cents. Ein zusätzlicher Vorteil ist, dass Erdgas wegen der guten Umwelteigenschaften in Deutschland nur mit 20 Prozent des üblichen Mineralölsteuersatzes belastet wird.[135]

Erdgas besteht überwiegend aus Methan und ist wegen seiner hohen Oktanzahl für den Einsatz in Ottomotoren geeignet. Für den Betrieb in Fahrzeugen muss das Erdgas jedoch komprimiert werden.[136] Dieses ist ein großer Nachteil beim Erdgas. Es lässt sich nur hochverdichtet in ausreichenden Mengen bevorraten und erfordert eine aufwendige Infrastruktur. Für jede Zapfstelle muss ein Druckbehälter installiert werden, in dem Gas bei 200 bar bereit steht. Die Kosten pro Tankanlage liegen bei ca. 200.000 Euro, sind demnach um das Vierfache höher als bei Benzin- oder Dieselstationen.[137] Derzeit gibt es etwa 420 Tankstützpunkte für Erdgas in Deutschland. Bis zum Jahr 2006 soll die Mobilitätsdichte mit Erdgastankstellen auf 1.000 gestiegen sein. Damit sollen die Entfernungen zwischen den Tankstellen immer kleiner werden, um ein möglichst dichtes Netz von Zapfsäulen zu erhalten. Weiterhin nachteilig sind die höheren Anschaffungs- bzw. Umrüstkosten im Fahrzeug selbst. Die liegen je nach Fahrzeug zwischen 2.200 und 3.500 Euro. Diese Mehrkosten müssen erst einmal mit den geringeren Kraftstoffkosten amortisiert werden. Um den Kauf für ein Erdgasfahrzeug noch reizvoller zu gestalten, vergeben die Gas-Versorger starke Kaufanreize wie z.B. ein Erdgasgeschenk in bestimmten Volumina. Viele Energiekonzerne und Kommunen fördern den Neukauf oder die Umrüs-

---

[134] Vgl. Wüst, Christian; (2004), S.138.
[135] Vgl. Ebenda, S.138.
[136] Vgl. O.V., Online im Internet, URL: http://www.esso.de, Stand 29.06.2004.
[137] Vgl. Wüst, Christian; (2004), S.139.

tung, manche locken auch mit Tankgutscheinen. Zwei von drei regionalen und lokalen Erdgasversorgern in Deutschland steuern durchschnittlich 1300 Euro zum Neukauf bei oder unterstützen den Halter im Mittel mit 1500 Kilogramm kostenlosen Kraftstoff.[138]

Größter Makel der meisten Versionen ist immer noch die bescheidene Reichweite im Erdgas-Betrieb. Da die Druckflaschen inzwischen nicht mehr wie bei früheren Modellen im Kofferraum, sondern platzsparend im Unterflurbereich verstaut werden, (s. Abbildung 20) sind die Füllmengen oft sehr begrenzt.[139]

Abbildung 20: Erdgastank Querschnitt am Opel
Quelle: O.V., Online im Internet, URL:
http://www.blitzstadtmagazin.com/web/2003/022003/erdgas.htm, Stand 22.06.2004

---

[138] Vgl. O.V., Der subventionierte Tritt aufs Gaspedal, (2003), Stand 24.06.2004.
[139] Vgl. ebenda, S.140.

Kapitel 5: Vorstellung von alternativen Kraftstoffen und Vergleich mit SunFuel®

Erdgas soll zukünftig als Brückenkopf zum Wasserstoff (welcher im nächsten Abschnitt erläutert wird) und auch darüber hinaus eine entscheidende Rolle auf dem Kraftstoffmarkt spielen.

Beim Shell Gas-to-Liquids wird der Kraftstoff wie bei SunFuel® synthetisch hergestellt. Dagegen ist der Ausgangsstoff keine Biomasse, sondern Erdgas. Hierdurch entstehen neue Verwendungsmöglichkeiten für das Erdgas, dass als synthetischer Dieselkraftstoff deutlich sauberer verbrennt und neue Motorenentwicklungen erwarten lassen kann, um den Verbrauch zu drosseln.[140] Ein erster Flottentest mit Fahrzeugen von Volkswagen im letzten Jahr hat positive Ergebnisse bei der Emissionsreduktion erzielt. Der synthetische Kraftstoff bietet im Vergleich zu Erdgas in komprimierter Form Emissionsvorteile zu geringeren Kosten. Ebenso vorteilhaft ist die Tatsache, dass bei synthetisch hergestellten Kraftstoffen aus Erdgas keine neue Infrastruktur notwendig ist, wie bei der komprimierten Form.[141] Shell betreibt in Malaysia seit 1993 die erste kommerzielle Anlage, die Gas-to-Liquids herstellt.

> „Die Zukunft der GTL-Technologie hat gerade erst begonnen. Shell investiert in Katar 5 Mrd US-$ in den Bau der weltgrößten Anlage mit einer Kapazität von 140.000 Barrel pro Tag. Sie wird eine neue Generation von sauberen und vielseitigen Kohlenwasserstoff-Produkten herstellen. Dieses Projekt untermauert einmal mehr die führende Rolle von Shell in der GTL-Technologie,"

betont Jack Jacometti, der Vice President bei Shell Gas International zuständig für das weltweite Gas-to-Liquids Geschäft.[142] Genauso wie bei

---

[140] Vgl. O.V., Shell sieht Erdgas auf der Überholspur, (2004), Stand 23.06.2004.
[141] Vgl. O.V., Shell News, (2003), Stand 23.06.2004.
[142] Vgl. Ebenda.

SunFuel® kann bei Gas-to-Liquids eine Beimischung zum herkömmlichen Diesel erfolgen.

5.4 Wasserstoff

Wasserstoff gilt als die beste Lösung, um sich von den fossilen Brennstoffen unabhängig zu machen. Doch wird mit einer marktreifen Technologie erst im Jahre 2050 gerechnet.[143] Dabei setzen die verschiedenen Fahrzeughersteller auf unterschiedliche Technologien. Die Brennstoffzelle ist die vorherrschende Variante, um als Abfallprodukt nur reines Wasser aus der Reaktion von Wasserstoff und Sauerstoff zu erhalten.[144]

Zum heutigen Zeitpunkt spielt Wasserstoff noch keine wichtige Rolle im Kraftstoffsektor. Die Barrieren, um den Wasserstoff herzustellen, zu lagern und zu vertreiben sind bei Weitem noch nicht gelöst. Eine neue Infrastruktur wäre von Nöten, die Milliarden von Euros kosten würde. Gleichsam ungelöst ist das Problem der Herstellung. Noch wird die Energie für die Wasserstoff-Herstellung aus fossilen Brennstoffen gewonnen. Um künftig einen nachhaltigen, regenerativen Charakter zu erzeugen, muss die Energiebereitstellung aus erneuerbaren Energien stammen. Diese Technik wird es in den nächsten Jahren noch nicht geben. Teilweise existieren Diskussionen darüber, den Wasserstoff durch thermonukleare Spaltung auf Basis der Kernenergie zu erzeugen. Die hiesige Bundesregierung hat den Kernenergieausstieg bis 2020 beschlossen, die Opposition aus CDU/CSU befürwortet jedoch eine weiterführende Nutzung der Kernenergie. Dies wäre allein aus sicherheitstechnischer Sicht ein Schritt zurück und würde bei

---

[143] Vgl. Fischedick, Manfred/ Merten, Frank/ Ramesohl, Stephan; (2004), S.222.
[144] Vgl. O.V., Die Brennstoffzelle – Antrieb für die Zukunft, S.4.

Kapitel 5: Vorstellung von alternativen Kraftstoffen und Vergleich mit SunFuel®

steigendem Ausbau der erneuerbaren Energien ein falsches Signal geben. Jedes Atomkraftwerk ist auch ein potenzielles Angriffsziel für Terroristen. Solange diese Probleme nicht gelöst sind, ist Wasserstoff ein Antriebskonzept von Morgen.

5.5 Vergleich der Kraftstoffe mit SunFuel®

Ein einzelner Kraftstoff kann die Versorgung des Marktes in Zukunft nicht lösen. Es wird auf einen Kraftstoff-Mix aus mehreren Komponenten ankommen. An dieser Stelle wird das Potenzial der gerade vorgestellten Kraftstoffe verglichen. Biodiesel hat zwar enorme Wachstumsraten zu verzeichnen, absolut gesehen macht dies am gesamtdeutschen Dieselbedarf nur ca. 1 Prozent aus. Da Biodiesel nur aus Rapspflanzen hergestellt wird, und nur die Samen den Rohstoff liefern, braucht man riesige Flächen, um Raps anzubauen. Rein technisch von der Anbaufläche gesehen, ist Biodiesel gar nicht in der Lage, den gesamten Dieselbedarf zu decken. Das Ersatzpotenzial wird bei ca. 5 Prozent bemessen. Biodiesel bleibt also ein Nischenprodukt. Bei SunFuel® dagegen kann die komplette Biomasse genutzt werden, ohne Monokulturen anbauen zu müssen. Ebenfalls ist der Energiegehalt wesentlich höher als bei Raps. Pflanzen besitzen ca. 40 Prozent Kohlenstoff, der für die Synthese gebraucht wird.[145] Biodiesel bleibt also ohne echte Wachstumschancen. Außerdem werden durch die Monokulturen Dünge- und Pflanzenschutzmittel eingesetzt, die an dem „sauberen" Image von Biodiesel kratzen.[146] Esso zum Beispiel bietet an seinen Tankstellen keinen Biodiesel an, weil sie von dem Produkt nicht überzeugt

---

[145] Vgl. Wolf, Bodo, (2004) In: Die neue Power, Arte, 07.07.2004.
[146] Vgl. Burchard, Hans J. von der, W wie Wissen, (2004), ARD.

sind. Der Anbau, die Ernte, Umarbeitung und Transport sollen bereits 60 Prozent der aus Biodiesel gewinnbaren Energie aufzehren.[147] Volkswagen betont eine ähnliche Sichtweise. Biodiesel ist in den technischen Fähigkeiten zu begrenzt, um wesentliche Vorteile bei der Motorentechnik zu erzielen. SunFuel® besticht gegenüber Biodiesel durch einen viel höheren Energiegehalt sowie über eine wesentlich breitere Palette an Ausgangsstoffen. Die Eigenschaft als synthetischer Kraftstoff weist außerdem ein enormes Potenzial auf, um in der Motorentechnik zu besseren und verbrauchsärmeren Verbrennungsvorgängen zu gelangen.

Beim Ethanol ist u.a. auch die landwirtschaftliche Nutzungsfläche ein Engpassfaktor. Die landwirtschaftlichen Nutzungsflächen würden nicht ausreichen, um genügend Bioethanol zu produzieren. Da Ethanol als Benzin eingesetzt wird, also im Ottomotor, ist es kein direktes Konkurrenzprodukt zu SunFuel®.

Erdgas ist ein durchaus umstrittenes Produkt. Es ist nicht ersichtlich, warum Umweltminister Trittin gerade Erdgas, einen fossilen Brennstoff, bis 2020 von der Mineralölsteuer befreit hat. Auch sein Parteikollege, der Sprecher für Forschung und Technologie Hans-Josef Fell, spricht sich gegen diese Maßnahme Trittins aus. Erdgas weist zwar etwas bessere Emissionswerte als Erdöl auf, ist und bleibt aber ein fossiler Brennstoff, der auch irgendwann zu Ende gehen wird. Vielleicht kann er 20 Jahre länger gewonnen werden als Erdöl, aber auch Erdgas wird bei sinkender Angebotsmenge im Preis steigen. „Erdgas ist ein Kraftstoff, der keines unserer aktuellen Probleme löst," erläutert Daniel Kammerer, BMW-Sprecher für Umweltthemen. Die Milliarden, die für die neue Infrastruktur ausgegeben werden müsste, fließe in eine weitere Sackgasse. Weil Erdgas wie Erdöl eine

---

[147] Vgl. Esso-Homepage, (2004).

fossile Ressource ist, sei Erdgas „nicht der Quantensprung, den wir brauchen".[148]

Anders sieht dies bei der Gas-to-Liquids-Technologie aus. Als synthetischer Kraftstoff weist er gleiche Vorteile im Bereich des Motorenmanagements auf wie SunFuel®. Der Nachteil ist, dass keine CO_2 – Neutralität herrscht. Die Tatsache, dass es eine endliche und keine regenerative Ressource ist, ist ein weiterer Nachteil.

Für Erdgas spricht jedoch, dass es genauso wie Erdöl von den Mineralölmultis gefördert und vertrieben wird. Diese machen mit fossilen Brennstoffen enorme Umsätze. Aufgrund der großen Masse an Vorkommen und der noch relativ leichten Förderungsmöglichkeiten werden Erdgas und Erdöl kostengünstig gewonnen. Daraus resultiert die Möglichkeit, die Kraftstoffe aus fossilen Energieträgern billig anzubieten. Die Interessen der Lobbyisten auf dem Erdöl- sowie Erdgasmarkt sind auf Profit ausgerichtet. Jedoch nimmt man mittlerweile auch Tendenzen wahr, in denen die Ölmultis umdenken und auch auf nachhaltige, regenerative Energien ihren Fokus richten.

Die Möglichkeiten der Erdgasverwendungen als Kraftstoff sind schwer zu beurteilen. Ob Erdgas in komprimierter Form einen großen Marktanteil erzielen wird, bleibt abzuwarten. Ein höherer Preis (in der Fahrzeuganschaffung), eine geringere Reichweite sowie ein (noch) nicht flächendeckendes Tankstellennetz machen Erdgas zu einer eher unattraktiven Alternative. Obgleich Erdgas beim Tanken billiger ist, gibt es auch Grenzen von Erdgas, wie oben beschrieben. Das Shell-Gas-to-Liquids-Verfahren verspricht technisch gesehen bessere Möglichkeiten, sich im Markt zu positionieren. Das Verfahren, einen synthetischen Kraftstoff herzustellen, ist anderen, üb-

---

[148] Zit. nach: Wüst, Christian; (2004) S.141.

lichen Verfahren überlegen. Man kann dadurch auf alle Parameter in der Motorentechnik gezielt zusteuern und große Potenziale erzielen. Das GTL-Verfahren stößt eventuell bei der Vermarktung an Grenzen, wenn Shell dieses als einziger anbietet. Alle interessierten Konsumenten wären gezwungen, bei Shell zu tanken. Vorteilhaft gegenüber dem komprimierten Erdgas ist die Möglichkeit, die Tankstelleninfrastruktur ohne Änderungen zu nutzen, was erhebliche Kosten einspart. Nachteilig beim herkömmlichen Erdgas ist auch die Tatsache, dass die Betreiber ihre Technik nur mit großen Werbeangeboten, wie Tankgutscheinen o.ä. an den Kunden bringen können.

SunFuel® kann von diesem Standpunkt aus mit den hier vorgestellten Kraftstoffen mithalten bzw. zu überbieten. Dazu müssen aber noch einige Rahmenbedingungen vorhanden sein, um aus SunFuel® ein konkurrenzfähiges Produkt zu machen.

6. Marktbedingungen für SunFuel®

Wie in Kapitel 5 aufgezeigt, kann SunFuel® durchaus als eine attraktive Alternative zu herkömmlichem Erdöl betrachtet werden. Um eine baldige Markteinführung zu gewährleisten, müssen einige Rahmenbedingungen in Betracht gezogen werden.

6.1 Steuerbefreiung

Der Staat hat u.a. die Möglichkeit, die Markteinführung von Biokraftstoffen zu erleichtern bzw. zu fördern. Fiskalpolitische Maßnahmen wie eine Steuerbefreiung oder Investitionszuschüsse sind geeignete Schritte. Die Fiskalpolitik könnte hier u.U. auch regulierend eingreifen, wie z.B. beim Biodiesel, der seit Beginn 2004 zu 5 Prozent zum herkömmlichen Diesel gemischt wird. Ein anderes Beispiel ist die Windkraft. Ein Teil des Abnahmepreises für Energie aus Windkraft wird auf jeden Bürger bzw. Haushalt umgeschlagen. Ca. einen Euro zahlt der deutsche Haushalt pro Monat für die Windenergie, die der Staat regulierend auf den herkömmlichen Strompreis setzt. Unter schwierigen Marktbedingungen könnte SunFuel® auch zu Beginn beigemischt werden, was eine Entfaltung auf dem Markt wohl aber erschweren würde.

Die Befreiung von der Steuer für Biokraftstoffe wurde vor kurzem von 2008 auf 2009 verlängert. Betrachtet man das SunFuel®-Projekt, wird deutlich, dass die Planungen in diese Richtungen zu kurz gehen. Laut Herrn Vogels ist mit dem Markteintritt frühestens 2008 zu rechnen. Ziel von Choren ist, bis zum Jahr 2010 eine Million Tonnen SunFuel® zu produzieren. Das entspricht rund vier Prozent des derzeitigen Dieselverbrauchs im

Transportsektor in Deutschland.[149] Damit die Markteinführung ab 2008 gelingt, muss der Staat eine Befreiung über 2009 hinaus zusichern.

Biokraftstoffe sind bei der Markteinführung recht teuer. Die Herstellkosten von SunFuel® liegen bei etwa 60 bis 65 EuroCent pro Liter. Dies ist zirka zwei- bis dreimal so viel wie bei aus fossilem Erdöl hergestellten Kraftstoffen. Erdöl wird seit etwa 1950 zur Kraftstoffproduktion verwendet und hat dadurch einen großen Wissensvorsprung in der Fördertechnik und kann somit auch im Hinblick auf die bis jetzt noch vielen und leicht zugänglichen Fördergebiete sehr billig verwertet werden, ohne Internalisierung von externen Effekten, wie dem Ausstoß von Treibhausgasen. Mittel- bis langfristig hält Herr Vogels Herstellkosten von unter 50 EuroCent für realistisch.[150] Um auf dem Markt konkurrenzfähig zu sein, darf es keinen nennenswerten Preisunterschied zu herkömmlichen Kraftstoffen geben.

Wegen seiner umweltfördernden Eigenschaften wird sich SunFuel® wahrscheinlich nicht in voluminösem Umfang verkaufen lassen. Das sinkende Umweltbewusstsein in der Bevölkerung wurde bereits im zweiten Kapitel erläutert. Es ist nötig, dass der Staat, hier die Bundesregierung, fiskalpolitische Anreize setzt, um den Biokraftstoffen eine Marktchance zu ermöglichen. Biodiesel profitiert davon schon seit einigen Jahren, wird jedoch das Nischendasein nicht verlassen können. Die Tatsache, dass SunFuel® erst zu dem Zeitpunkt in den Markt kommen kann, wenn etwa die Steuerbefreiung ausläuft, macht die Situation problematisch. Choren rechnet selbst eventuell nur mit einer 80-prozentigen Steuerbefreiung, erwartet aber trotzdem von der Bundesregierung ein Signal, welches bis jetzt auf sich warten lässt. Auf Anfrage bei der Bundesregierung gab es keine eindeutige Stel-

---

[149] Vogels, Jochen, Email vom 09.07.2004.
[150] Ebenda, Stand 09.07.2004.

lungnahme PRO Steuerbefreiung. Die Bundesregierung und die Europäische Union streben an, den Anteil erneuerbarer Treibstoffe für den Verkehr deutlich zu steigern. Um dieses Ziel zu erreichen, werden vor allem Biotreibstoffe genutzt werden müssen, da andere Alternativen (z.b. Wasserstoff) noch längere Entwicklungszeit benötigen. Die Frage, wie lange eine Mineralölsteuerbefreiung für erneuerbare Treibstoffe zum Erreichen der Wettbewerbsfähigkeit erforderlich ist, hängt laut Bundesregierung u.a. von der Entwicklung der Energiepreise für die konventionellen Energieträger ab. Die EU-Kommission beobachtet die Marktentwicklung, auch um eine Überkompensation durch die Mineralölsteuerbefreiung zu vermeiden. Aus heutiger Sicht ist die Frage, ob nach 2009 noch eine Mineralölsteuerbefreiung notwendig ist, laut Bundesregierung nicht mit ausreichender Sicherheit zu beantworten.[151] Für SunFuel® allerdings ist zumindest eine prozentuale Steuerbefreiung notwendig. Ziel der Bundesregierung sei es, mittelfristig bis langfristig die Wettbewerbsfähigkeit der erneuerbaren Energien zu erreichen, damit sie sich am Markt selbst tragen können.[152]

Eine Expertengruppe der Bundesregierung unter Federführung des Bundesministeriums für Verkehr, Bau- und Wohnungswesen (BMVBW) gemeinsam mit Wissenschaft und Wirtschaft erarbeitet im Zusammenhang mit der „nationalen Nachhaltigkeitsstrategie" eine Strategie zur nachhaltigen Kraftstoffversorgung. Erst im Herbst wird mit der Veröffentlichung der Ergebnisse gerechnet. Eine solche Kraftstoffstrategie könnte auf lange Sicht Planungssicherheit für Investitionen schaffen und Anreize für Innova-

---

[151] Vgl. Jansen, Helmut, Bundesministerium der Finanzen, Berlin Referat IV A 1 – Umweltbezogene Steuer- und Abgabenpolitik, persönliche Email (30.06.2004),Antwort der Bundesregierung auf die Kleine Anfrage der Abgeordneten Ulrike Flach, Cornelia Pieper, Christoph Hartmann (Homburg), weiterer Abgeordneter und der Fraktion der FDP – Drucksache 15/3018 – vom 18.05.2004, S.7.

[152] Vgl. ebenda, S.2.

tionen geben. Nach Auffassung der Bundesregierung sind synthetische Kraftstoffe aus Biomasse (BtL-Kraftstoffe [Biomass-to-Liquid]) eine von mehreren Optionen für die zukünftige Kraftstoffversorgung. Nach Angaben der Bundesregierung konnte der CO_2-Ausstoß des Verkehrsbereichs in vier aufeinander folgenden Jahren (2000 bis 2003) um rund zehn Prozent gesenkt werden. Die Bundesregierung schreibt dieses im Wesentlichen der ökologischen Steuerreform zu. Trotzdem gibt die Bundesregierung an, dass der Kraftstoffsektor zu 99 Prozent von Importen fossiler Energieträger abhängig ist. Eine Substituierung fossiler Energieträger hält hier auch die Bundesregierung für nötig. Die Vorgaben der Richtlinie 2003/30/EG vom 8. Mai 2003 (sog. Biokraftstoffrichtlinie), die Marktanteile von Biokraftstoffen und Kraftstoffen aus anderen erneuerbaren Energien in Höhe von 2 Prozent in 2005 und 5,75 Prozent in 2010 als Referenzwerte für die Mitgliedstaaten vorsieht, tragen zur Förderung von Biokraftstoffen bei. Während das Mengenziel im Jahre 2005 durch den Einsatz von Biodiesel und Ethanol bzw. Ethyl-Tertiär-Butyl-Ether (ETBE) in Deutschland laut Bundesregierung voraussichtlich erreicht werden kann, wird der Zielwert in 2010 über herkömmliche biogene Kraftstoffe wegen verschiedener Restriktionen nur schwer zu erreichen sein. Verschärfte Abgasemissionsstandards schränken die zukünftige Verwendung von Biodiesel als Reintreibstoff sowie eine Weiterentwicklung von Verbrennungsmotoren ein.[153]

Die Bundesregierung hat ebenfalls Bedenken in Form von eventuellen Nachteilen bei Kraftstoffen aus Biomasse. Das BMU hat ein Verbundvorhaben „Erneuerbare Kraftstoffe" gefördert, bei dem der verfahrenstechni-

---

[153] Vgl. Jansen, Helmut, Bundesministerium der Finanzen, Berlin Referat IV A 1 – Umweltbezogene Steuer- und Abgabenpolitik, persönliche Email (30.06.2004),Antwort der Bundesregierung auf die Kleine Anfrage der Abgeordneten Ulrike Flach, Cornelia Pieper, Christoph Hartmann (Homburg), weiterer Abgeordneter und der Fraktion der FDP – Drucksache 15/3018 – vom 18.05.2004, S.7f.

sche Nachweis für die Herstellung von BTL-Kraftstoffen erbracht werden sollte. Die vorliegenden Ergebnisse erlauben laut Bundesregierung noch keine abschließende Bewertung. Insbesondere die Energie- und Massebilanzen des Verfahrens ließen sich noch nicht beurteilen. Zu untersuchen ist hier, wie sich der energetische Wirkungsgrad und die Konversionseffizienz bei anderen Verfahren verhalten. Dieses Ergebnis wird maßgeblich die ökonomische und ökologische Bewertung von BTL-Kraftstoffen bestimmen. Derzeit liegen hierzu keine in einer großtechnisch relevanten Anlage verifizierten Aussagen vor. Im November 2004 sollen die Ergebnisse der Untersuchung veröffentlicht werden.[154] Zu dem noch nicht abgehandelten Themenkomplex der Masse- und Energiebilanzen und Wirkungsgraden weist Choren darauf hin, dass sie ihrerseits eine umfängliche gutachterliche Ausarbeitung in Auftrag gegeben haben. Der Abschlussbericht steht kurz vor der Vollendung (Ende Juli 2004).[155]

Die Bundesregierung stellt deutliche CO_2-Einsparpotenziale als Zielvorgabe in den Vordergrund, jedoch nicht ohne eine weitere Einschränkung zu nennen. Das BMVEL betont, dass durch den Einsatz biogener Kraftstoffe eine deutliche Verringerung des CO_2-Ausstoßes im Straßenverkehr möglich ist. Im Jahr 2002 konnten bereits 1,372 Mio. Tonnen CO_2 durch den Einsatz von Biodiesel vermieden werden.[156] Durch den stetig steigenden Einsatz von Biodiesel und durch den künftigen Einsatz von Ethanol bzw.

---

[154] Vgl. ebenda, S.7f.

[155] Vogels, Jochen, Email vom 09.07.2004.

[156] Bundesministerium für Umwelt, Naturschutz und Reaktorsicherheit: Erneuerbare Energien in Zahlen – nationale und internationale Entwicklung (Stand November 2003), Veröffentlichung in der Reihe Umweltpolitik, in: Jansen, Helmut, Bundesministerium der Finanzen, Berlin Referat IV A 1 – Umweltbezogene Steuer- und Abgabenpolitik, persönliche Email (30.06.2004),Antwort der Bundesregierung auf die Kleine Anfrage der Abgeordneten Ulrike Flach, Cornelia Pieper, Christoph Hartmann (Homburg), weiterer Abgeordneter und der Fraktion der FDP – Drucksache 15/3018 – vom 18.05.2004.

ETBE wird dieser Effekt laut Bundesregierung weiter zunehmen. Zusätzliche CO_2-Einsparungen können möglicherweise auch durch den Einsatz von BTL-Kraftstoffen erreicht werden. Zu berücksichtigen wären dabei die Nutzungskonkurrenzen bei den Bioenergieträgern sowie Anliegen des Naturschutzes bei Importen, insbesondere aus Ländern des Südens.[157]

Man kann also sehen, dass die Bundesregierung durchaus die Förderung von Biokraftstoffen anstrebt, jedoch noch einige Bedenken hat. Für SunFuel® würde hierbei besonders eine Steuerbefreiung förderlich sein.

6.2 Förderung eines Biomassemarktes

Die Bundesregierung ist der Ansicht, dass es durch Nutzungskonkurrenzen, welche durch den verstärkten Ausbau der Biomasse auch in anderen Technikfeldern wie z.B. der Strom- und Wärmeerzeugung, könnte bei SunFuel® zu eventuellen Problemen kommen, wenn es nicht genug Biomasse für alle Bereiche gäbe. Ebenso wäre zu prüfen, ob Importe vor allem aus Ländern des Südens, nicht in Konkurrenz mit der Nahrungsmittelproduktion oder dem Naturschutz stehen. Hierbei besitzt SunFuel® den Vorteil, aus eigentlich allen denkbaren Einsatzstoffen einen sauberen, funktionierenden Kraftstoff herzustellen. Man ist bei der Synthese nicht darauf angewiesen, ganz bestimmte Einsatzstoffe zu benutzen. Alle Stoffe sind mögliche Einsatzstoffe, d.h. auch Müll oder Holz. Alles, was nicht erst angebaut werden muss, sondern ohnehin anfällt und teuer entsorgt werden müsste, könnte für SunFuel® verwendet werden. Bislang hat sich der Bio-

---

[157] Jansen, Helmut, Bundesministerium der Finanzen, Berlin Referat IV A 1 – Umweltbezogene Steuer- und Abgabenpolitik, persönliche Email (30.06.2004),Antwort der Bundesregierung auf die Kleine Anfrage der Abgeordneten Ulrike Flach, Cornelia Pieper, Christoph Hartmann (Homburg), weiterer Abgeordneter und der Fraktion der FDP – Drucksache 15/3018 – vom 18.05.2004, S.7f.

massemarkt jedoch noch nicht entwickelt. Dies ist das einzige Problem, welches SunFuel® bis zur Markteinführung noch hat, so Herr Vogels von Choren (abgesehen von der Steuerbefreiung). Momentan verhält es sich zwischen den Bauern und der Industrie wie mit „der Henne und dem Ei". Die Bauern wollen nicht ohne finanzielle Sicherheiten die Biomasse in großem Umfeld anbauen und ernten, die Industrie in Form von Choren braucht die Biomasse, um überhaupt zu produzieren und zu testen. Das Potenzial für die Bauern da ist, die Landwirtschaft wiederzubeleben, ist erkannt, jedoch ist die großflächige Organisation eines Biomassemarktes noch nicht erfolgreich umgesetzt worden, woran aber akribisch gearbeitet wird.[158] Hermann Scheer, Bundestagsabgeordneter der SPD und Träger des Alternativen Nobelpreises, sieht in der Biomasseförderung eine große historische Perspektive. Erstmals seit der Industrialisierung könne der primäre Sektor der Volkswirtschaften wieder revitalisiert werden. Durch ein hohes Maß an regionaler Wirtschaftsentwicklung könne eine starke Energiestabilität an erneuerbarer Biomasse erreicht werden. Dass sie nachhaltig angebaut wird, ist von großer Wichtigkeit, denn nur dann ist die Biomasse erneuerbar. Das heißt, dass man nur soviel Biomasse verarbeitet, wie nachwachsen kann.[159] Nicht zu vergessen ist hier auch die Forstwirtschaft, die ebenfalls zum primären Sektor gehört, in der auch viel Material zur Biomasseveredelung anfällt. Auch dort ist nachhaltig zu wirtschaften, also nur soviel Holz soll verbraucht werden, wie nachwachsen kann.[160] Die Organisation des Biomassemarktes in großem Umfang wird sicherlich kommen, denn es ist möglich, durch die Biomasse einen riesigen Energiebedarf

---

[158] Vogels, Jochen, Email vom 09.07.2004.

[159] Vgl. Scheer, Hermann, in: Gesprächsrunde auf Arte, Thema: Zukunftsenergien, am 07.07.2004.

[160] Vgl. Laponche, Bernard, in: Gesprächsrunde auf Arte, Thema: Zukunftsenergien, am 07.07.2004.

zu decken, so Hermann Scheer.[161] Dabei wird der Fokus nicht unbedingt auf wenige, große und zentrale Unternehmen konzentriert, sondern auf viele kleine dezentrale. Dies hat den Vorteil (s. Kapitel 4.6.2), dass die Biomasse in kleinen Anlagen bearbeitet wird, um lange und somit teure Transportwege zu sparen.

6.3 Kooperationen und strategische Allianzen

Was Choren mit ihrem Chef Bodo Wolf als mittelständisches Unternehmen geschafft hat, ist eine beeindruckende Leistung. Die Technik, aus Biomasse einen besseren, sauberen und auf jeden Modelltyp zu variierenden Kraftstoff zu synthetisieren, ist einmalig. Deshalb gilt es, diesen Wettbewerbsvorteil zielgerichtet zu vermarkten. Um ein geeignetes Produktionsvolumen zu erreichen, bedarf es jedoch mehrerer Anlagen, die sehr kostenintensiv sind. Choren ist nur ein mittelständisches Unternehmen, welches nicht über die nötigen Finanzmittel verfügt. Mittel- bis langfristig müssen also Kooperationen und strategische Allianzen geschlossen werden, um Investitionsmittel zum weiteren Ausbau der Technik sowie der Biomasseförderung zu erlangen.

Eine Kooperation ist durch eine freiwillige Zusammenarbeit von Unternehmen gekennzeichnet. Dabei bleiben die Unternehmen jeweils rechtlich und wirtschaftlich sowie in allen anderen Bereichen unabhängig. Ziel ist es, durch Zusammenlegung einzelner Geschäftsbereiche die Leistung der beteiligten Unternehmen zu steigern und dadurch die Wettbewerbsfähigkeit zu verbessern.[162] Neben der Kooperation ist auch die Bedeutung strategi-

---

[161] Vgl. Scheer, Hermann, in: Gesprächsrunde auf Arte, Thema: Zukunftsenergien, am 07.07.2004.
[162] Vgl. Wöhe, Günter (2002), S.303.

scher Allianzen wichtig. Durch eine Allianz kann das gesamte Potenzial ausgeschöpft werden, um eine große Anzahl von Kunden zu erreichen und um mehr Umsatz zu machen. Oft ist ein Großunternehmen bestrebt, einem kleinen Partner den technologischen Durchbruch zu ermöglichen und bietet ihm ein weitausgebautes Vertriebsnetz und Kapital. Dem kleinen Unternehmen fehlt es an diesen Bereichen und somit kann aus diesen Gründen eine strategische Allianz über einen längeren Zeitraum ein faires Geben und Nehmen zwischen den Partnern darstellen, zum beiderseitigen Vorteil.[163] Dabei ist zu bemerken, dass die Selbständigkeit der Partner bei Schließung einer Allianz erhalten bleibt.[164]

Choren muss sich solche Partner suchen, um ihr Produkt auch in großem Umfang am Markt absetzen zu können. Die Investitionen in das Projekt sind enorm hoch, eine neue Anlage, die 2008 gebaut werden soll, kostet 250 Millionen Euro. Um einen merklichen Marktanteil zu erzielen, müssen sogar mehrere solcher Anlagen gebaut werden, dabei liegt das Investitionsvolumen wesentlich höher, als für die erste großtechnische Anlage. Choren hat bis zum heutigen Zeitpunkt schon Partner gefunden, die bereits die erste Testphase in der Pilotanlage mitfinanziert haben. Dazu gehören das Bundeswirtschaftsministerium mit 5 Millionen Euro sowie u.a. die Automobilhersteller Volkswagen und Daimler Chrysler mit jeweils einem geringeren Anteil. Betrachtet man die anstehenden Kosten für große Anlagen, so sieht man, dass wesentlich größere Investitionen nötig sind. Mit dem Ölkonzern Shell ist ein Partner gefunden, der über die Distributionskanäle, also dem Tankstellennetz, verfügt. Shell hat bereits Interesse an dem Vertreiben von SunFuel® signalisiert, dass Shell sich jedoch finanziell an dem Ausbau der Biomassesyntheseanlagen von Choren beteiligt ist eher nicht zu

---

[163] Vgl. Armstrong, Gary/ Kotler, Philip/ Saunders, John/ Wong, Veronica (2003), S.73.
[164] Vgl. Becker, Jochen (2002), S.351.

erwarten. Nach Herrn Lüke von Shell ist zwar ein reges Interesse da, jedoch will man nicht in die Technik investieren. Man habe selbst genug Projekte (z.B. Shell-Gas-to-Liquids, s. Kap.5).[165] Aber gerade einen Konzern wie Shell braucht Choren, um SunFuel® großtechnisch vermarkten und erzeugen zu können. Betrachtet man die fünf Milliarden Euro, die Shell in Malaysia investiert für das GtL-Verfahren, dann wird deutlich, welches finanzielle Potenzial dieses Unternehmen hat. Damit könnten 20 Anlagen von Choren gebaut werden, was einen Bedarf von ca. acht bis zehn Prozent des deutschen Dieselkraftstoffs entspräche. Choren ist also auf Kooperationen und strategische Allianzen angewiesen, um ihre Technologie weiterzubringen, effizienter zu entwickeln und in größeren Mengen zu erzeugen. Mit Hanns Arnt Vogels ist choren dies u.U. gelungen. Der 78-Jährige, der die Großen der deutschen Industrie kennt, hält viel von der Technologie und holt wichtige Partner mit ins Boot, wie z.B. auch Volkswagen und DaimlerChrysler.[166]

Um Investitionspartner zu finden, muss ebenfalls gesichert sein, dass die Unternehmen Renditen erzielen können, d.h. dass das Konzept von Choren ausgereift sein muss, damit Firmen in die neue Technik investieren. Dazu wäre eine Steuerbefreiung ganz besonders wichtig, um bessere Marktaussichten zu haben, das ganze Unternehmen für potenzielle Investoren und Partner attraktiver zu machen und Planungssicherheit für die Investoren zu schaffen.

---

[165] Lüke, Wolfgang, Telefoninterview am 14.05.2004.
[166] Vgl. Vorholz, Fritz (2004),Revolution im Tank, Stand 15.07.2004.

6.4 Geeignetes Marketingkonzept

Um SunFuel® erfolgreich vermarkten zu können, muss es erst einmal in größeren Mengen hergestellt werden, wie eben erläutert. Das Marketing wird nicht die Aufgabe von Choren sein, sondern derjenigen Firmen, die es letztendlich vertreiben, also die Inhaber der Tankstelleninfrastruktur, wie z.B. Shell. Ob der Name SunFuel® am Ende derjenige sein, wird, mit dem geworben wird, weiß man bis jetzt nicht. Herr Lüke von Shell bewertet de Namen sehr positiv. Volkswagen hat den Namen SunFuel® entwickelt und sich diesen auch schützen lassen. Der Wolfsburger Autokonzern bewirbt das Produkt schon ein wenig, damit die Kunden später ihre Autos kaufen, deren Motoren auf SunFuel® noch exakter angepasst sind. Jedoch steht hinter dieser Werbung kein Konzept. Das SunFuel®-Konzept hat im Konzern noch keine Priorität erreicht. Dem SunFuel®-Team unterstanden im Juni 2003 nur 11 Leute.[167] Auch gibt es in der Außendarstellung von Volkswagen in Bezug auf SunFuel® einige Kritikpunkte. Der Markenname ist zwar geschützt, jedoch wird in der Kommunikation, um zu erklären, was sich dahinter überhaupt verbirgt, zu wenig getan. Im September 2003 wurde am Lehrstuhl Marketing und Technologiemanagement ein European Summer Workshop mit dem Thema SunFuel® abgehalten. Die ausländischen Studenten aus den Niederlanden konnten mit dem Begriff SunFuel® wenig anfangen, und glaubten, dass es sich um Solartechnik handelte. Dieses zeigt, dass der Name SunFuel® ohne geeignetes Marketing ein falsches Bild des Produktes vermittelt. Geringe Präsenz zeigt Volkswagen ebenfalls in ihrer Autostadt, in der man im SunFuel®-Lab eine Pflanze pflanzen kann, die dann verarbeitet werden soll zu Kraftstoff. Genauere Erklärungen werden aber nicht gegeben. Das Personal ist zu SunFuel® nicht geschult,

---

[167] Nannen, Henning, Telefoninterview am 15.08.2003.

Kapitel 6: Marktbedingungen für SunFuel®

und können somit interessierten Touristen in der Autostadt keine qualifizierten Auskünfte geben. Auf der IAA 2003 war die Außendarstellung ebenfalls gering, ein äußerst kleiner Stand mit einem Lupo mit SunFuel®-Logos und einem Touchscreen-Monitor waren das Einzige, was dort zu sehen war.

Volkswagen ist zwar am Ende nicht dasjenige Unternehmen, welches dass Produkt vermarktet, weil die Distribution zu den Aufgaben der Tankstellen gehört. Die Marketing-Maßnahmen von Volkswagen haben keine konzeptionelle Ausrichtung auf das Produkt. Volkswagen will am Ende ihre Autos verkaufen. Somit will man dort nicht das Produkt in physischer Hinsicht vermarkten, sondern die eigenen Autos, die mit SunFuel® besonders sparsam und effizient fahren können. Besonders positiv ist hingegen die Maßnahme von Volkswagen, das SunFuel®-Konzept in ihre Nachhaltigkeitsvision zu integrieren (s. Homepage www.sunfuel.de). Damit gibt Volkswagen ein deutliches Zeichen, dass SunFuel® eine erfolgsversprechende Alternative zum Erdöl sein kann.

SunFuel® braucht dazu eine klarere Ausrichtung des Marketings. Vor allem müsste die Informationsasymmetrie abgebaut werden. Das heißt, dass den unwissenden Konsumenten das Produkt bekannt gemacht werden muss. Ein schlechtes Beispiel ist hier die Shell-Werbung zum V-Power-Diesel. Shell wäre aber durchaus ein Kandidat, der als Vertreiber das Marketing mit ausrichten müsste. Beim Shell-V-Power-Werbespot heißt es: „Die Zukunft fährt Synthetik." Hierbei stellt sich die Frage, welcher Konsument weiß, was synthetisch heißt. Hier wird ein Fachwissen vorausgesetzt, dass die meisten Konsumenten wohl nicht haben. Das Marketing sollte in erster Linie darauf ausgerichtet sein, zu erklären, was SunFuel® überhaupt ist und welche Vorteile es hat. Die Namenserklärung sollte im Vordergrund stehen, um erst einmal Klarheit zu schaffen, um was es sich handelt. Eine breitere Zielgruppe muss angesprochen werden, wobei die Vermittlung von Informationen im Vordergrund stehen sollte. Dies sollte allerdings bereits vor der eigentlichen Markteinführung geschehen, damit der informierte Kunde sich sogleich entscheiden kann, ob er das Produkt kauft oder nicht. Bei einem Informationsdefizit steht er dem Produkt zu Anfang wohl eher skeptisch gegenüber, welches durch frühzeitige Information und Aufklärung vermieden werden kann.

Kritischen Stimmen zu SunFuel® oder Erneuerbaren Energien allgemein aufgrund zu hoher Kosten erteilt Hermann Scheer eine deutliche und logische Absage. Durch die schwindenden Ressourcen wird das Angebot knapper und teurer. Dadurch steigen die Infrastrukturkosten für die Gewinnung und den Transport. Die Kosten der regenerativen Kraftstoffe, wie SunFuel®, die keine neue Infrastruktur brauchen, entwickeln sich gegenläufig, die Kosten sinken.[168]

---

[168] Vgl. Scheer, Hermann (2003), S.26.

7. Zusammenfassung und Ausblick

Als Ergebnis dieser Untersuchung kann festgehalten werden, dass SunFuel® eine erfolgsversprechende Alternative zum heute vorherrschenden Kraftstoff aus Erdöl sein kann, wenn bestimmte Marktbedingungen erfüllt werden. Es ist notwendig, im Bereich der Energieversorgung sowie im Verkehrsbereich alternative Lösungen zu suchen, um einen Biokraftstoff wie SunFuel® in den Markt zu bringen.

Dabei wurde in dieser Untersuchung der Fokus auf die Aufgaben des Staates, der Industrie und der Land- und Forstwirtschaft gelegt. Die Marketing-Maßnahmen und das Konsumentenverhalten wurden dagegen nur rudimentär erfasst. Gezielte Anforderungen an den Konsumenten bzw. an die Unternehmen, das Konsumentenverhalten gezielt zu beeinflussen, wäre in dem Umfang dieser Untersuchung nicht zu leisten gewesen. Hierbei ist anzumerken, dass ausgehend von der Situation der Energieversorgung auch ein Umdenken auf der Seite der Konsumenten einhergehen muss. Zu fragen ist in diesem Zusammenhang, ob dem Konsumenten vordergründig ein Bio-Produkt angeboten wird. „Bio" und „Öko" besitzen hier zu Lande immer noch ein eher negatives Image. Wenn man das Marketing voll auf das Umweltverhalten ausrichtet, kann sich das wie z.B. beim 3-Liter-Lupo, auch negativ auswirken. Bei Volkswagen, die den Lupo entwickelt haben, wurde der Wagen nicht in großem Maße gekauft, da er zu teuer war und die gewöhnlichste Serienausstattung vermissen ließ. Eine einseitige Sichtweise auf Fokussierung des umweltfreundlichen Produktes wird von den Konsumenten noch nicht genügend honoriert. Hinzu kommt, dass die Unternehmen, die sich für Nachhaltigkeit und Umweltschutz einsetzen, teilweise ein widersprüchliches Auftreten in der Öffentlichkeit haben. Fast jeder Fahrzeughersteller bietet in dem mittlerweile allseits beliebten Markt-

Kapitel 7: Zusammenfassung und Diskussion

segment SUV (Sports Utility Vehicle) mindestens ein Modell an. Diese Fahrzeuge sind sehr groß, meist gar nicht geländetauglich, verbrauchen aber riesige Mengen an SuperBenzin. Im Januar 2004 fahren auf deutschen Straßen 830.752 SUVs. Ein VW Touareg V8 Automatik verbraucht 18,6 L, die Mercedes M-Klasse ML 500 20,5 L und der Porsche Cayenne Turbo gar 21,9 L. Dabei wurde erst gerade eine Gesetzeslücke geschlossen, in die jemand schlüpfen konnte, der seinen SUV als Nutzfahrzeug anmeldete. Damit konnte eine 80-prozentige Steuerersparnis erlangt werden.[169]

Solange Unternehmen solche Autos produzieren, können Konsumenten nicht einschätzen, ob diese es mit dem Umweltschutz besonders ernst meinen. Die Unternehmen sollten hier mehr darauf achten, dass sie eine klare Richtung einschlagen, die für den Konsumenten nachvollziehbar ist.

Um neue Wege in der Energie- und Verkehrspolitik einschlagen zu können, muss der Konsument ebenfalls umdenken. Die Unternehmen müssen dabei Vorbild sein und zum Umdenken anregen. Dieser Gedankenpunkt sollte im Rahmen einer Befragung in diese Untersuchung eingebunden werden, konnte aber aus Gründen des zunehmenden Umfangs und der fehlenden Repräsentativität nicht durchgeführt werden.

In der Forschung gibt es bis jetzt zu wenig Anstrengungen, die sich mit diesem Thema befassen. Die Forschungsanstrengungen in diesem Bereich müssen ausgebaut bzw. erhöht werden, was sich an der wenigvorhandenen aktuellen Literatur zeigt. Dass Alternativen gefunden werden müssen, um sich von der Abhängigkeit des Erdöls zu befreien, ist von zentraler Bedeutung. Diesen Schritt müssen alle mittragen. Deshalb sollten die Chancen von SunFuel® genutzt und die Kräfte aller Akteure wie Staat, Industrie und

---

[169] Vgl. hart aber fair, WDR am 09.06.2004.

Gesellschaft gebündelt werden, um eine nachhaltige Lebensweise zu erreichen und zu bewahren.

Malt man sich ein mögliches Szenario aus, wenn in den nächsten 40 bis 50 Jahren keine tragbaren Alternativen gefördert werden, Erdöl zu strecken bzw. zu ersetzen, gleicht dies einer erschreckenden Situation. Die Industrie würde erlahmen, es würden Benzinportionen rationiert oder nur noch die Superreichen könnten sich das Autofahren leisten. An Urlaub ist gar nicht zu denken, weil es kein Vehikel gibt, das einen von einem Ort zum nächsten bringt. Es ist schwer vorzustellen, dass jemand in einer solchen Situation leben will.

Die Weichen müssen jetzt gestellt werden. Umso länger gewartet wird, desto schwerwiegender wären negative Auswirkungen.

8. Literaturverzeichnis

Telefoninterviews

Nannen, Henning, Projektleiter von SunFuel® bei Volkswagen AG, am 30.03.2004, 15.08.2003

Vogels, Jochen, Business Development Manager bei Choren Industries GmbH, am 25.05.2004

Lüke, Wolfgang, Director Technology Shell Global Solutions (Deutschland), am 14.05.2004

Bücher

Armstrong, Gary/ Kotler, Philip/ Saunders, John/ Wong, Veronica (2003), Grundlagen des Marketing, 3., überarbeitete Auflage, Pearson Studium

Becker, Jochen (2002), Marketing-Konzeption, Grundlagen des zielstrategischen und operativen Marketing-Managements, 7. überarbeitete und ergänzte Auflage, Verlag Franz Vahlen, München

Belz, Frank-Martin (2001), Denkanstöße zum nachhaltigen Konsum im Bedarfsfeld Mobilität: Ansatzpunkte einer normativ-reflexiven Konsumethik, S.321-335; In: Schrader, Ulf, Hansen/ Ursula (Hrsg.), Nachhaltige Konsum, Forschung und Praxis im Dialog, Campus Verlag, Frankfurt/Main

Berghof, Ralf/ Coenen, Reinhard/ Keimel, Hermann/ Klann, Uwe/ Schulz, Volkhard (2003), Nachhaltigkeitsprobleme in gesellschaftlichen Aktivitätsfeldern, S.131-207; In: Coenen, Reinhard/ Grunwald, Armin (Hrsg.), Nachhaltigkeitsprobleme in Deutschland – Analyse und Lösungsstrategien, edition sigma, Berlin

Literaturverzeichnis

Brandl, Volker/ Grunwald, Armin (Hrsg.), Jörissen, Juliane/ Kopfmüller, Jürgen/ Paetau, Michael (2003), Das integrative Konzept nachhaltiger Entwicklung, S.55-83; In: Coenen, Reinhard/ Grunwald, Armin (Hrsg.), Nachhaltigkeitsprobleme in Deutschland – Analyse und Lösungsstrategien, edition sigma, Berlin

Brandl, Volker/ Kopfmüller, Jürgen (2003), Die gegenwärtige Nachhaltigkeitsdiskussion in Deutschland, S.83-131; In: Coenen, Reinhard/ Grunwald, Armin (Hrsg.), Nachhaltigkeitsprobleme in Deutschland – Analyse und Lösungsstrategien, edition sigma, Berlin

Dippoldsmann, Peter/ Paetau, Michael (2003), Zum Verhältnis von Technik und nachhaltiger Entwicklung, S.419-422; In: Coenen, Reinhard/ Grunwald, Armin (Hrsg.), Nachhaltigkeitsprobleme in Deutschland – Analyse und Lösungsstrategien, edition sigma, Berlin

Grießhammer, Rainer (2001), TopTen-Innovationen für einen nachhaltigen Konsum, S.103-117, In: Schrader, Ulf, Hansen/ Ursula (Hrsg.), Nachhaltige Konsum, Forschung und Praxis im Dialog, Campus Verlag, Frankfurt/Main

Hirschl. B./ Konrad W./ Scholl, G.U./ Zundel, St. (2001), Nachhaltige Produktnutzung, Sozial-ökonomische Bedingungen und ökologische Vorteile alternativer Konsumformen, Ed.Sigma, Berlin

Kleinhückelkotten, Silke (2002), Die Suffizienzstrategie und ihre Resonanzfähigkeit in den sozialen Milieus Deutschlands, S.229-247; In: Rink, Dieter (Hrsg.), Lebensstile und Nachhaltigkeit – Konzepte, Befunde und Potentiale, Leske + Budrich, Opladen

Nitsch, Joachim (2003), Markteinführung nachhaltiger Technik – regenerative Energieträger, S.386-405; In: Coenen, Reinhard/ Grunwald, Armin (Hrsg.), Nachhaltigkeitsprobleme in Deutschland – Analyse und Lösungsstrategien, edition sigma, Berlin

Rogall, Holger (2003), Akteure der nachhaltigen Entwicklung – Der ökologische Reformstau und seine Gründe, ökom Verlag, München

Wimmer, Frank (2001), Forschungsüberlegungen und empirische Ergebnisse zum nachhaltigen Konsum, S.77-103; In: Schrader, Ulf, Hansen/ Ursula (Hrsg.), Nachhaltige Konsum, Forschung und Praxis im Dialog, Campus Verlag, Frankfurt/Main

Wöhe, Günter / Döring, Ulrich (2002), Einführung in die Allgemeine Betriebswirtschaftslehre, 21. Auflage, Verlag Vahlen

Zwick, Michael M. (2002), Umweltgefährdung, Umweltwahrnehmung, Umweltverhalten – Was erklären Wertorientierungen?, S.95-117; In: Rink, Dieter (Hrsg.), Lebensstile und Nachhaltigkeit – Konzepte, Befunde und Potentiale, Leske + Budrich, Opladen

Internet

Birol, Faith (2004), Chefvolkswirt der Internationalen Energieagentur (IEA), In: Sucher, Jörn, Die kommenden Dekaden werden schwierig, Online im Internet, URL: http://www.manager-magazin.de/unternehmen/artikel/o,2828,304425,00.html, Stand 28.06.2004

Choren Industries GmbH, Online im Internet, URL: http://www.choren.de, Stand 29.05.2004, 13.05.2004, 31.03.2003, 30.03.2003

Daniels, Arne (2004), Das Ende des billigen Öls, Online im Internet, URL: http://www.stern.de/wirtschaft/geld/meldungen/index.html?id=524578, Stand 08.06.2004

Fell, Hans-Josef (2003), Kraftstoffe aus Biomasse – Alternative der Gegenwart mit Zukunft, Online im Internet, URL: http://www.hans-josef-fell.de, Stand 02.03.2004

Gammelin, Cerstin/ Vorholz, Fritz (2002), Natur in den Tank, In: DIE

Literaturverzeichnis

ZEIT, Wirtschaft 16/2002, Online im Internet, URL: wysiwyg://104http://www.zeit.de/2002/16/Wirtschaft/print_200216_e-biosprit.html, Stand 30.03.2004

O.V., (2004), Der Biomasse gehört die energetische Zukunft, Online im Internet, URL: http://www.umweltjournal.de/fp/archiv/AfA_naturkost/6089.php, Stand 02.03.2004

O.V., Der subventionierte Tritt aufs Gaspedal, (2003), Online im Internet, URL: http://www.spiegel.de/auto/aktuell/0,1518,244068,00.html, Stand 24.06.2004

O.V., Die Sonne in den Tank bringen, In: Industrie- und Handelskammer Lüneburg-Wolfsburg, (11/2002), S. 8, UNSERE WIRTSCHAFT, Online im Internet, URL:

http://www.ihk24lueneburg.de/.../unsere_wirtschaft/anhaengsel/archiv_20 02/uw_02_1

1/uw_02_11_schwerpunktthema.pdf, Stand 14.08.2003

O.V., Biokraftstoffe – Ein neuer Wirtschaftszweig entsteht, Online im Internet, URL: http://www.mu1.niedersachsen.de/pages/printage/0,,C2556558_N1.html, Stand 10.05.2004

O.V., Online im Internet, URL: http://www.esso.de, Stand 29.06.2004

O.V., Shell News, (2003), Online im Internet, URL: http://www.shell.com/home/Framework?siteId=de-de&FC2=/de-de/html/iwgen/news_and_library/press_releases/2003/zzz_lhn.html&FC3=/de-de/html/iwgen/news_and_library/press_releases/2003/gas_to_liquids_2710 2003.html, Stand 23.06.2004

O.V., Shell sieht Erdgas auf der Überholspur (2004), Online im Internet, URL: http://www.shell.com/home/Framework?siteId=de-de&FC2=/de-de/html/iwgen/news_and_library/press_releases/2004/zzz_lhn.html&FC3=/

Literaturverzeichnis

de-de/html/iwgen/news_and_library/press_releases/2004/Shell_Erdgas_03032 004.html
Stand 23.06.2004

O.V., SunFuel – Sprit aus Abfall vor der Marktreife?, Online im Internet, URL:
http://www.swr.de/rasthaus/archiv/2003/06/28/print2.html,Stand 16.08.2003

O.V., Was ist Biodiesel? (2004), Online im Internet, URL: http://www.ufop,de/1154.htm, Stand 05.07.2004

Schneck, Klaus, Biotreibstoff, (05.12.2002), Vortrags- und Diskussionsveranstaltung
zum Thema „Oelquellen des 21. Jahrhunderts – Teil 2: Verfahren zur
Biotreibstofferzeugung", Online im Internet, URL: http://www.klausschneck.
de/Biotreibstoff/body_biotreibstoff.html, Stand 31.03.2003

Seega, Ulrich (2003), Biodiesel – ein alternativer Kraftstoff, Online im Internet, URL: http://www.wdr.de/radio/wdr2/westzeit/biodiesel0309.html, Stand 05.07.2004

Umweltlexikon: Biomasse (2004), Online im Internet, URL: http://www.umweltlexikon-online.de/fp/archiv/RUBlandwirtsrohstoffe/Biomasse.php, Stand 02.03.2004

Volkswagen AG, Online im Internet, URL: http://www.sunfuel.de, Stand 30.03.2004, 17.06.2004

Vorholz, Fritz (2004), Revolution im Tank, Online im Internet, URL: http://www.zeus.zeit.de/text/2004/29/Sunfuel, Stand 15.07.2004

Zeitschriften

Literaturverzeichnis

Bartsch, Christian (2003), Dieselkraftstoff aus Biomasse und Müll – Sunfuel und Synfuel, In: Automobiltechnische Zeitschrift, 1/2003, Jahrgang 105, S. 42-45

Eicher, Claus Christoph (2004), Spritpreise: Eine Spirale ohne Ende, In: ADAC motorwelt, Heft 7, Juli 2004, S. 24-28

Fischedick, Manfred/ Merten, Frank/ Ramesohl, Stephan (2004), Energiepolitische Voraussetzungen für eine Wasserstoffenergiewirtschaft, In: Energiewirtschaftliche Tagesfragen, 54. Jahrgang, Heft 4, S.222-225, Wuppertal

Follath, Erich/ Jung, Alexander, (2004), Die Quelle des Krieges, In: DER SPIEGEL, Nr.22, S. 106-119

Igelspacher, Roman/Wagner, Ulrich (2004), Bereitstellung von Ethanol aus Getreide und Zuckerrüben – Eine ganzheitliche Analyse, In: Energiewirtschaftliche Tagesfragen, 54. Jahrgang, Heft 4, S.226-231, München

Picard, Klaus (2004), Keine Angst vor Ölknappheit, In: ADAC motorwelt, Heft 7, Juli 2004, S. 30

Scheer, Hermann (2003), Plädoyer für die Energiewende, In: natur & kosmos, Mai 2003, S. 26

Wüst, Christian (2004), Hochdruck im Tank, In: DER SPIEGEL, Nr. 24, S.138-141

Broschüren/Prospekte

Bockey, Dieter, Der Biodieselmarkt wächst – aber auch die Herausforderungen, In:
Wachstumsmarkt Biodiesel 2003, (Hrsg. UFOP)

Jansen, Helmut, Bundesministerium der Finanzen, Berlin Referat IV A 1

Literaturverzeichnis

– Umweltbezogene Steuer- und Abgabenpolitik, persönliche Email (30.06.2004), Antwort der Bundesregierung auf die Kleine Anfrage der Abgeordneten Ulrike Flach, Cornelia Pieper, Christoph Hartmann (Homburg), weiterer Abgeordneter und der Fraktion der FDP – Drucksache 15/3018 – vom 18.05.2004

Mineralölwirtschaftsverband (2000), Kraftstoffe der Zukunft

O.V., Biodiesel, ADM-Oelmühle Hamburg AG, ADM-Oelmühle Leer Connemann GmbH & Co. KG, Juli 2003

O.V., Die Brennstoffzelle – Antrieb für die Zukunft, DaimlerChrysler (k.A.)

O.V., Nachwachsende Energien, (2003), Deutscher Bauernverband, Ufop, Sonderdruck

Steiger, Wolfgang (2003), Potenziale des Zusammenwirkens von modernen Kraftstoffen und künftigen Antriebskonzepten, In: ATZ - Automobiltechnische Zeitschrift 3/(2003), Jahrgang 105, Sonderdruck, Wiesbaden

Steiger, Wolfgang (2002), SunFuel®-Strategie, Basis nachhaltiger Mobilität

Volkswagen AG, Kraftstoffstrategie / SunFuel® (k.A.)

Volkswagen AG, Forschung und Entwicklung, SunFuel – Eine Initiative der Volkswagen-Forschung, September 2003

Literaturverzeichnis

Zeitungsartikel

Blume, Georg/ Fischermann, Thomas/ Vorholz, Fritz (2004), Zu viel getankt, In: DIE ZEIT, Nr.23, 27.05.2004, S. 19

Schrems, Sascha (2004), OPEC will kein Sündenbock sein – Hoher Ölpreis durch Förderausweitung nicht zu stoppen, In: Die Landeszeitung, 25.05.2004

Stürmlinger, Daniela (2004), Energiepreise – sie steigen weiter, In: Hamburger Abendblatt, 25.05.2004, S. 23

Fernsehen

Burchard, Hans J. von der, in W wie Wissen, ARD, im Juni 2004

Die neue Power, Arte, 07.07.2004

Drehscheibe Deutschland, ZDF, am 01.06.2004

Gesprächsrunde auf Arte, Thema: Zukunftsenergien, am 07.07.2004

hart aber fair, Abgezapft und abgezockt – das windige Geschäft mit der Energie, WDR, am 09.06.2004